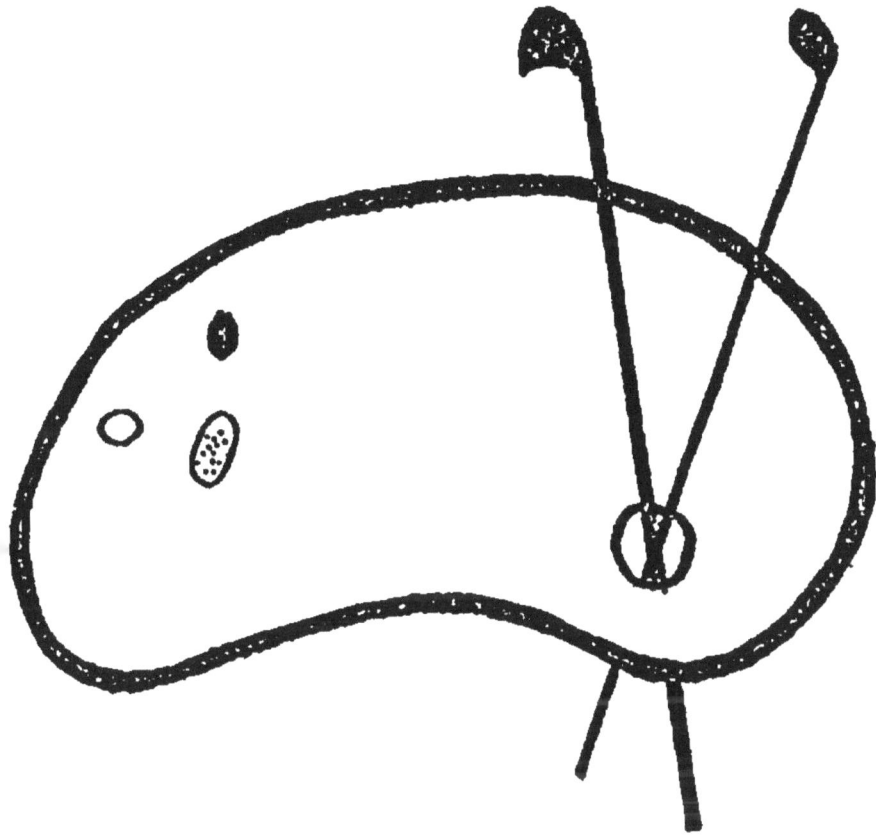

COUVERTURE SUPERIEURE ET INFERIEURE
EN COULEUR

LEÇONS

DE

GÉOMÉTRIE DESCRIPTIVE

P. BERNIOLLE

LEÇONS

DE

GÉOMÉTRIE DESCRIPTIVE

Conformes aux programmes de 1905

POUR LES CLASSES DE Iʳᵉ C ᴇᴛ D

Cinquième édition.

PARIS

Ancienne Librairie Hᴇɴʀʏ Pᴀᴜʟɪɴ et Cⁱᵉ

PRIEUR ET Cⁱᵉ, ÉDITEURS

21, ʀᴜᴇ ʜᴀᴜᴛᴇғᴇᴜɪʟʟᴇ (6ᵉ)

COURS DE GÉOMÉTRIE DESCRIPTIVE

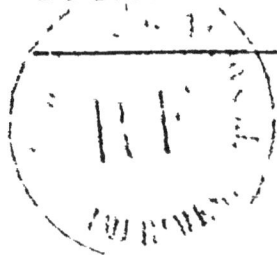

INTRODUCTION

Objet de la géométrie descriptive.

1. Le dessin ordinaire est insuffisant pour la représentation des corps. Ainsi, on ne peut représenter une pyramide sans altérer ses dimensions et par suite sa forme. Il en est de même des résultats d'un problème relatif à cette pyramide.

Pour combler cette insuffisance, on a imaginé des méthodes de constructions graphiques, exécutées sur un seul et même plan, qui permettent de connaître la forme et la position d'une figure. On appellera *épure* un dessin ainsi exécuté.

Projection d'une figure sur un plan.

2. I. — Étant donnés un plan H et une droite Δ non parallèle à ce plan, on appelle *projection d'un point A sur ce plan parallèlement à* Δ, le point *a* où une parallèle menée à Δ par le point A perce le plan (fig. 1).

La droite A*a* est dite la projetante du point A.

II. — *La projection d'une ligne quelconque* γ *est la ligne* γ′, lieu des projections de tous les points de γ.

Les projetantes de tous les points de la ligne γ forment un cylindre appelé *cylindre projetant* de cette ligne.

III. — *Si la ligne* γ *est une droite, sa projection* γ′ *est en général une droite.* En effet, cette droite γ et la projetante A*a* d'un point A

BERNIOLLE. *Géométrie descriptive.*
BERNIOLLE. *Géométrie descriptive.*   I

forment un plan P parallèle à Δ : dès lors B*b*, projetante de tout
autre point B de la droite γ, est contenue dans le plan P. Or
la ligne γ', intersection des plans H et P, est une droite. Dans ce
cas le cylindre projetant devient un plan, appelé *plan projetant.*
La projection de la droite AB *se réduirait à un point,* si cette
droite était parallèle à la direction Δ.

IV. — *Si la ligne projetée γ est plane, et qu'elle soit contenue* dans

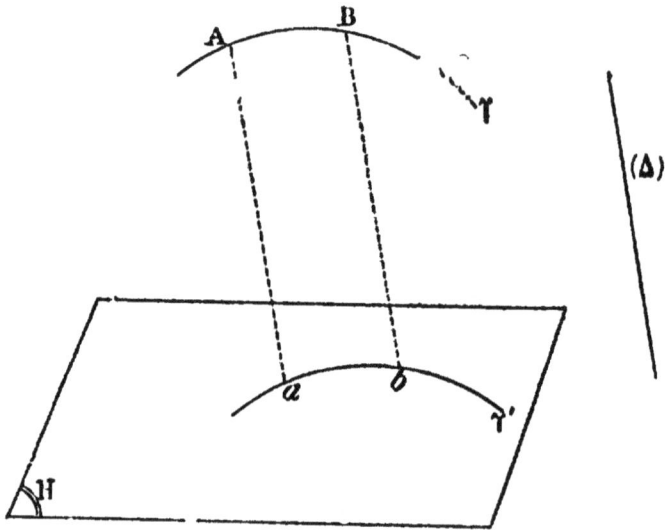

Fig 1.

un plan parallèle au plan de projection, sa *projection* γ' *est égale
à la lig e projetée* γ.

Car les projetantes A*a*, B*b*... étant toutes parallèles et égales, un
mouvement de translation permettra de faire coïncider γ avec γ'.

Projection orthogonale. — La projection est dite *orthogonale*
lorsque la direction des projetantes est normale au plan de projection.

On est convenu, dans les épures, de projeter *orthogonalement*
sur un plan horizontal : les projetantes sont alors des verticales.

Représentation d'une figure.

3. Tout point A d'une figure sera déterminé (fig. 1) si on connaît sa projection *a* sur un plan horizontal H et la longueur *a*A de la projetante : cette longueur *a*A est appelée la *cote* du point A.

Dans la représentation, on indique cette cote de deux façons différentes : ou bien par le nombre qui la mesure ; ou bien par un segment de même longueur, tracé suivant certaines conventions. Ces deux procédés conduisent à deux méthodes distinctes en géométrie descriptive. C'est la première, dite méthode de *géométrie cotée,* que nous avons à étudier d'abord.

LIVRE PREMIER

GEOMÉTRIE COTÉE

(DROITE ET PLAN)

CHAPITRE I

PRÉLIMINAIRES

Principe de la méthode; représentation d'un point.

4. En géométrie cotée, un point A est représenté par sa projection *a* sur un plan horizontal H, et par sa distance à ce plan. Le plan est dit, pour cela, *plan de comparaison*; la distance du point au plan est la *cote* du point.

La cote est positive ou négative, suivant que le point est au-dessus ou au-dessous du plan de comparaison. Elle s'indique par un *nombre* écrit à côté de la projection, les chiffres étant tracés (sauf une exception qui sera signalée au n° 6) parallèlement au bord inférieur de la feuille.

Une cote *ronde* est celle qui s'exprime par un nombre entier.

Échelles.

5. En géométrie descriptive, on a constamment à tracer des segments ayant pour mesures des nombres donnés; et inversement à évaluer en nombres des segments donnés.

Pour faire ces opérations, il est nécessaire qu'on ait, au préalable, fixé le segment qui représente l'unité de longueur, c'est-à-
dire qui a pour mesure le nombre 1.

Échelle graphique. — L'unité de longueur étant fixée, on pourra
construire ce qu'on appelle *l'échelle graphique* :

C'est une droite sur laquelle on porte, les uns à la suite des
autres (fig. 2), un certain nombre de segments égaux à l'unité
de longueur. Aux points de division, on inscrit de gauche à

FIG. 2.

droite les nombres 0, 1, 2, 3, etc. : on a ainsi formé les *divisions
principales*, de A à B. On ajoute ensuite à gauche encore un
segment égal AC, qu'on divise en 10 parties égales, de droite
à gauche ; ce segment est le *talon*.

Alors, on peut avoir une longueur correspondante à un
nombre donné. Ainsi, on obtiendra la longueur ayant pour
mesure 3, 4, en prenant avec le compas la longueur comprise
entre la division principale 3 et la division 4 du talon.

De même une longueur donnée sera évaluée en nombre, en
prenant une ouverture de compas égale à cette longueur, et plaçant l'une des extrémités du compas sur une division principale
et l'autre en un point du talon. Si le compas va de la division
principale 3 à la division 4 du talon, la mesure du segment
est 3, 4.

Dans les deux opérations, on peut fractionner, à vue d'œil,
les divisions du talon et pousser un peu plus loin l'approxima-
tion des mesures.

Si l'unité choisie est le centimètre, l'échelle graphique n'est, en
réalité, que le double décimètre (chaque centimètre formant
talon, puisqu'il est divisé en millimètres).

Dans la pratique, c'est presque toujours en centimètres que

sont donnés, dans les énoncés, les éléments d'une épure. Il suffit alors, pour l'exécution des opérations ci-dessus, d'employer un double décimètre.

Échelle numérique. — Dans tout ce qui précède il s'agit *des lignes de l'épure.*

Or, les lignes de l'épure sont, en général, des réductions des lignes correspondantes situées sur les corps représentés.

On appelle *échelle numérique* le rapport, constant, entre une ligne de l'épure et la ligne correspondante du corps représenté. Ce rapport s'exprime habituellement par une fraction de la forme $\frac{1}{M}$, où M est un multiple simple de 10. Exemples : les échelles à $\frac{1}{100}$, à $\frac{1}{200}$, etc...

Supposons que l'échelle numérique soit $\frac{1}{100}$, et que l'échelle graphique ait ses divisions principales égales à 1 centimètre: quand on lira, par exemple, 3 unités sur l'échelle graphique, ces 3 unités exprimeront 3 centimètres s'il s'agit d'une ligne de l'épure, et 3 mètres s'il s'agit de la ligne correspondante du corps représenté.

CHAPITRE II

LIGNE DROITE

Représentation de la droite (fig. 3).

6. Une droite *quelconque* sera représentée par deux de ses points A et B, ceux-ci étant donnés par leurs projections et leurs cotes.

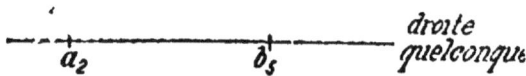

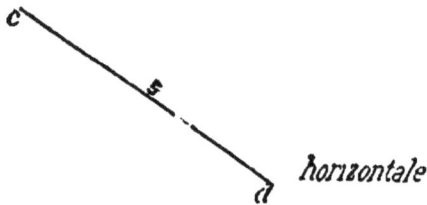

La ligne indéfinie qui joint les projections des deux points est la projection de la droite.

Horizontale. — Une droite horizontale est représentée par sa projection indéfinie et par une cote unique écrite parallèlement à la projection : cette cote est celle de tous les points de l'horizontale.

Verticale. — Une verticale est représentée par la projection commune à tous ses points : on écrit cette projection sans cote.

Fig. 3.

Principaux éléments de la droite.

7. Soit AB une droite projetée en *ab* (fig. 4). Imaginons le plan vertical P qui projette AB; les projetantes A*a* et B*b* des points A et B sont dans ce plan P; les cotes de A et de B sont, d'ailleurs, égales à *a*A et *b*B.

1° INCLINAISON. — Menons AI parallèle à *ab*. L'angle α = $\widehat{IAB}$ est l'angle de la droite avec sa projection, c'est-à-dire l'angle qu'elle fait avec le plan horizontal. On dit que cet angle α mesure *l'inclinaison* de la droite.

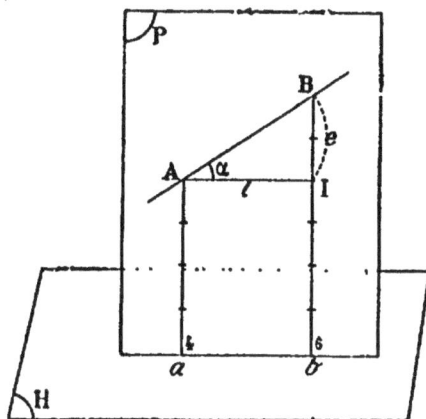

Échelle : 1/200

Fig. 4.

2° PENTE. — Quels que soient les points A et B sur la droite, le triangle rectangle ABI a ses angles constants : le rapport $\dfrac{BI}{AI}$ est donc constant.

Pour mieux voir la signification de ce rapport, appelons *distance verticale* des points A et B la différence entre les cotes de ces points, c'est-à-dire la longueur IB = *e*. Appelons *distance horizontale* des deux points la distance de leurs projections, c'est-à-dire la longueur *ab* = AI = *l*.

Ce qui précède peut alors s'énoncer ainsi :

Le rapport de la distance verticale à la distance horizontale de deux points d'une droite est constant, quels que soient ces points sur la droite.

1.

Ce rapport constant p s'appelle la *pente* de la droite: $p = \dfrac{e}{l}$.

En particulier, si $l = 1$, on a $p = e$. Donc on peut dire que *la pente est la différence entre les cotes de deux points dont la distance horizontale est égale à 1*.

Trigonométriquement, $p = \operatorname{tg} \alpha$.

3° INTERVALLE. — Le rapport $\dfrac{l}{e}$, inverse du précédent, et également constant, est appelé *l'intervalle* et est désigné par i.

En particulier, si $e = 1$, on a $i = l$. Donc on peut dire que *l'intervalle est la distance horizontale de deux points dont les cotes diffèrent de 1*.

Dans l'épure, la droite étant donnée par deux points $a(4)$ et $b(6)$, on obtiendra immédiatement l'intervalle et la pente :

Mesurant ab à l'échelle du dessin, on trouvera $ab = 3$, c'est la distance horizontale des points A et B. La distance verticale, différence entre la cote de A et celle de B, étant égale à 2, on aura :

$$i \text{ (intervalle)} = \frac{3}{2},$$

$$p \text{ (pente)} = \frac{2}{3}.$$

Quant à l'inclinaison α, on apprendra à la déterminer dans le problème suivant.

8. REMARQUE. — La *pente* et *l'intervalle* d'une droite sont des nombres, qui représentent chacun le rapport de deux longueurs. Nous ferons à ce propos deux observations :

I. Si l'intervalle i est représenté dans les épures par un segment de droite, il faudra entendre que ce segment est une longueur l' dont la mesure est i quand l'unité choisie est l'unité u de l'échelle graphique.

Même observation pour la pente p.

II. Les nombres i et p sont liés par la relation : $i \times p = 1$.

On peut, en vertu de cette relation, déduire ces éléments l'un de l'autre. Soit i à déduire de p. On dispose, à cet effet, de deux procédés :

1° On opère simplement sur les nombres. Par exemple, si $p = \frac{2}{3}$, on en tire $i = \frac{3}{2}$. Et alors, pour représenter i par un segment, on prend sur l'échelle un segment ayant pour mesure $\frac{3}{2}$. C'est ce qui se fait couramment quand l'échelle graphique est le double décimètre.

2° On peut aussi opérer graphiquement. Pour nous rendre compte de ce procédé, nous mettrons d'abord la relation $i \cdot p = 1$ sous une forme homogène.

On a défini l'intervalle le rapport $i = \frac{l}{e}$ entre la distance horizontale et la distance verticale de deux points de la droite. Soit u l'unité graphique. Si on fait $e = u$, et que l' soit la distance horizontale correspondante, on aura : $i = \frac{l'}{u}$.

De même, si e' est la distance verticale qui correspond à une distance horizontale égale à u, on aura : $p = \frac{e'}{u}$.

La relation ci-dessus devient ainsi : $e'l' = u^2$.

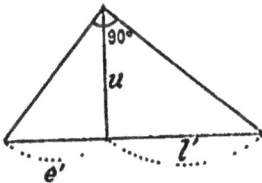

Fig. 5.

D'où l'on conclut que u est la hauteur d'un triangle rectangle dans lequel e' et l' sont les segments formés sur l'hypoténuse par cette hauteur. Ce triangle (fig. 5) est déterminé par u et e' : en le construisant on obtiendra l'. On aura ainsi la longueur du segment qui, dans la figure, doit représenter l'intervalle. Si on veut obtenir le nombre i, il n'y aura qu'à mesurer l' à l'échelle.

Angle d'une droite avec le plan horizontal.

9. PROBLÈME. — *Déterminer l'angle d'une droite* AB *avec le plan horizontal.*

Soit $a(4)$ $b(6)$ la droite représentée dans l'épure (fig. 6).

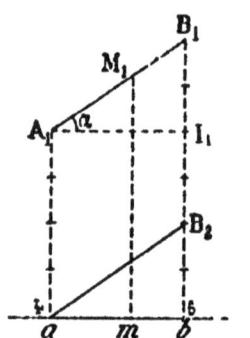

Reportons-nous à la figure 4, ci-dessus, représentant dans le plan vertical P, la droite AB, avec sa projection ab, ainsi que son inclinaison $\alpha = \widehat{IAB}$.

Cherchons à reproduire dans l'épure une figure égale à celle-ci. Il suffira de mener à ab la perpendiculaire aA_1 égale à aA, c'est-à-dire égale à 4 unités graphiques, puis la perpendiculaire bB_1 égale à bB ou à 6 unités. On aura construit le trapèze abB_1A_1 égal au trapèze $abBA$ de la figure 4 ; et A_1I_1 étant menée parallèle à ab, l'angle $\widehat{IA_1B_1}$ sera l'angle cherché α.

Échelle : 1/200

Fig. 6.

10. REMARQUE. — La construction qui précède pourrait être présentée de la manière suivante :

Considérons le plan vertical P qui projette AB (fig. 4), et dont la trace sur le plan de comparaison H est précisément la projection ab de la droite.

Si on fait tourner ce plan P autour de sa trace jusqu'à ce qu'il vienne coïncider avec H, la droite AB viendra en A_1B_1 (fig. 6). On dit alors que le plan P a été *rabattu* sur le plan H. Et l'on voit que pour obtenir le *rabattement* A_1 d'un point A du plan, on élève à ab une perpendiculaire égale à la cote de A.

Il est clair que les points à cotes négatives du plan P se rabattraient de l'autre côté de ab.

Inversement, si A_1 était donné, on en déduirait la projection a du point et sa cote 4 : c'est ce qu'on appellerait *relever* A_1.

(La question du rabattement, entrevue ici, sera traitée plus loin d'une manière générale.)

Distance de deux points.

11. Soit à déterminer la grandeur du segment de droite compris entre deux points donnés $a(4)$ et $b(6)$.

On rabattra le plan vertical qui contient la droite (fig. 6): AB se rabattra suivant A_1B_1, dont la longueur est précisément la longueur cherchée de AB.

REMARQUE. — A_1B_1 est l'hypoténuse d'un triangle rectangle dans lequel les côtés de l'angle droit sont la distance horizontale et la distance verticale des points A et B. Il est clair que ce triangle pourrait se construire en une place quelconque, les côtés de l'angle droit étant connus. En particulier, on le construit souvent sur ab, en élevant la perpendiculaire bB_2 égale à la distance verticale des points A et B (2 unités graphiques dans l'exemple de la figure): l'hypoténuse est alors aB_2.

Enfin, on pourrait obtenir l'hypoténuse par le calcul au moyen du théorème de Pythagore. Dans l'exemple, on aurait:

$$\overline{AB}^2 = \overline{ab}^2 + \overline{bB_2}^2 = (3)^2 + (2)^2$$
$$AB = \sqrt{13}.$$

Mais, en général, ce dernier procédé n'a rien de pratique.

12. PROBLÈME. — *Une droite étant donnée par deux points* A *et* B, *construire un troisième point* M *de cette droite.*

Rabattons comme précédemment le plan vertical qui projette la droite (fig. 6). Soit A_1B_1 le rabattement de la droite. Tout autre point M situé sur la droite AB aura son rabattement M_1 sur A_1B_1.

Alors, 1° si on se donne la projection m, la cote sera la perpendiculaire mM_1.

2° Si on se donne la cote, on cherchera sur A_1B_1 le point M_1

tel que la perpendiculaire mM_1 soit égale à la cote : on aura la projection m.

13. Ce problème, dans les épures, se résout couramment par un calcul très simple. Soit (fig. 7) une droite donnée par les

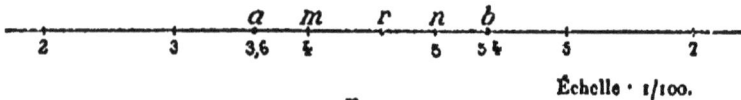

Échelle · 1/100.

Fig. 7.

points $a(3,6)$ et $b(5,4)$. Supposons que l'unité graphique soit le centimètre, c'est-à-dire que l'échelle soit $\frac{1}{100}$. Soit alors $ab = 2,7$.

La pente de la droite est : $p = \dfrac{5,4 - 3,6}{2,7} = \dfrac{1,8}{2,7} = \dfrac{2}{3}$. L'intervalle est : $i = \dfrac{3}{2}$.

1° Cherchons la cote d'un point dont on donne la projection m. Si e est la différence inconnue entre la cote de a et celle de m, on aura :

$$\frac{e}{am} = p = \frac{2}{3}.$$

On trouve, à l'échelle, $am = 0,6$. D'où :

$$e = 0,6 \times \frac{2}{3} = 0,4.$$

Il suffit donc de *multiplier la longueur am par p.* La cote de m sera $3,6 + 0,4 = 4$.

2° Cherchons inversement le point m dont la cote est 4. On sait que : $\dfrac{am}{4 - 3,6} = i \text{ (intervalle)} = \dfrac{3}{2}$.

D'où : $am = 0,4 \times \dfrac{3}{2} = 0,6$.

Il suffit donc, pour avoir am, de *multiplier par i la différence entre les cotes de a et de m.*

14. *Graduation de la droite.* — Lorsque le problème précédent doit être résolu pour un grand nombre de points de la droite, on peut faire la *graduation* de la droite. Cela consiste à marquer sur la droite la suite des points à cote ronde.

Soit une droite définie par les points $a(3,6)$ et $b(5,4)$ (fig. 7).

On construira, comme il a été dit précédemment, deux points à cotes rondes consécutives, par exemple les points m et n de cotes 4 et 5. La longueur mn est l'intervalle i de la droite. On portera alors, à partir de n, les uns à la suite des autres, vers la droite, autant d'intervalles qu'on voudra : on aura ainsi les points de cotes 6, 7, etc... On opérera de même à gauche, à partir de m : on aura les points de cotes 3, 2, etc...

La droite étant ainsi graduée, on pourra estimer la cote d'un point dont on donne la projection r : le segment mr valant environ les 0,6 d'un intervalle, la cote de r sera $4 + 0,6 = 4,6$. Inversement, pour avoir r, connaissant la cote 4,6, on prendra mr égal à 0,6 d'intervalle.

— On aura à distinguer le *sens* de la graduation d'une droite, c'est-à-dire à distinguer si les cotes croissent vers la droite ou vers la gauche.

15. *Trace de la droite.* — La *trace* de la droite sur le plan de comparaison s'obtiendra en cherchant le point de cote o.

Droites parallèles.

16. THÉORÈME. — *Pour que deux droites soient parallèles, il faut et il suffit que leurs projections soient parallèles, que leurs intervalles soient égaux et leurs graduations de même sens.*

1° Les conditions sont nécessaires.

En effet, soient AB et CD les deux droites (fig. 8), soient P et Q les plans verticaux qui les projettent en ab et cd.

AB et Aa étant respectivement parallèles à CD et Cc, les plans

P et Q sont parallèles: les traces de ces plans sur le plan de comparaison, c'est-à-dire les projections *ab* et *cd* des deux droites sont donc parallèles.

En deuxième lieu, les angles α et α', qui expriment les inclinaisons des droites, ont leurs côtés parallèles et de même sens, et par suite sont égaux : donc les droites ont la même pente, et dès lors le même intervalle.

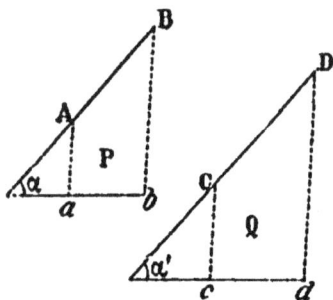

Fig. 8.

Troisièmement, enfin, il est évident que les graduations sont de même sens.

2° Les conditions sont suffisantes.

Soient (fig. 9) deux droites AB et CD, dont les projections sont parallèles, les intervalles égaux, et les graduations de même sens : je dis qu'elles sont parallèles.

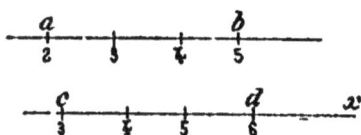

Fig. 9.

En effet, par un point C de la deuxième, j'imagine une parallèle à la première. Cette parallèle CX aura sa projection parallèle à *ab*, même intervalle que AB, et une graduation du sens de celle de AB. Les points de CX coïncideront donc avec les points de CD : donc CX coïncidera avec CD, ce qui veut dire que CD est parallèle à AB.

17. APPLICATION. — *Mener par C une parallèle à* AB (fig. 9).

Par *c* on mènera *cd* parallèle et égale à *ab*, et de même sens que *ab*. Puis on donnera à *d* une cote telle que son excès sur la cote de *c* soit égal à l'excès de la cote de *b* sur celle de *a*.

REMARQUE. — Le théorème précédent s'applique aux droites horizontales pour ce qui concerne les projections ; mais il n'est plus question ici d'intervalle et de graduation.

Droites concourantes.

18. *Pour que deux droites* AB *et* CD *se rencontrent, il faut et il suffit que leurs projections aient un point commun s, et qu'en ce point les deux droites aient la même cote* (évident) (fig. 10).

Lorsque le point s n'est pas dans les limites de la figure, on pourra encore reconnaître si les droites se rencontrent (on suppose les projections non parallèles).

Nous nous appuierons sur ce fait évident : pour que deux droites AB et CD soient dans un même plan, il faut et il suffit que deux autres droites s'appuyant sur les deux premières soient dans un même plan.

1° Si nous employons les droites EF et GH, s'appuyant sur les droites données, et dont les projections se coupent en *t*, ces droites auxiliaires devront avoir la même cote en *t* pour que les droites données se rencontrent.

2° Si on emploie les horizontales KL et MN s'appuyant aussi sur les droites données, ces horizontales devront avoir leurs projections parallèles.

REMARQUE. — Pour trouver le point commun à deux droites situées dans le même plan vertical, on rabattra ce plan vertical.

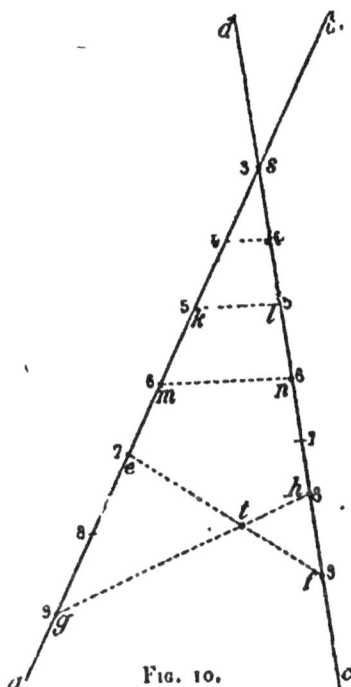
FIG. 10.

Exercices.

1. Par un point d'un plan vertical donné, tracer, dans ce plan, une droite de pente donnée.

2. Sur une droite donnée, prendre, à partir d'un point donné, un segment de longueur donnée.

3. Faire la construction propre à déterminer le point commun à deux droites situées dans le même plan vertical.

4. Faire la détermination précédente par le calcul.

5. Construire la droite symétrique d'une droite donnée par rapport à un plan horizontal donné.

6. Construire la droite symétrique d'une droite donnée, par rapport à un axe vertical coupant la droite donnée.

7. Trouver sur une droite donnée un point qui soit à une distance donnée d'un plan vertical donné.

CHAPITRE III

LE PLAN

Représentation du plan. — Echelle de pente.

19. Le plan pourra être représenté par trois points non en ligne droite ; ou par une droite et un point extérieur ; ou par deux droites soit parallèles, soit concourantes.

20. Mais le mode de représentation le plus habituel et aussi le plus avantageux consiste à définir le plan *par une de ses lignes de plus grande pente.*

Définition. — Étant donné un plan quelconque P, *toute droite du plan perpendiculaire aux horizontales de ce plan est dite une* LIGNE DE PLUS GRANDE PENTE *du plan* P *par rapport à un plan horizontal* H.

Le théorème suivant justifie cette définition.

Théorème I. — *Parmi les droites d'un plan* P *qui passent par un point* A, *la droite perpendiculaire aux horizontales du plan est celle qui fait le plus grand angle avec un plan horizontal* H (fig. 11).

Soit AB la droite du plan P qui est supposée perpendiculaire aux horizontales du plan, et par suite perpendiculaire à la trace BC du plan P sur le plan horizontal H. L'angle de cette droite avec H est l'angle $\widehat{B}$ qu'elle fait avec sa projection Ba sur le plan H.

Soit AC une autre droite quelconque du plan P ; et $\widehat{C}$ l'angle qu'elle fait avec le plan H, c'est-à-dire avec sa projection Ca.

AC est oblique, tandis que AB est perpendiculaire à BC; d'où AC $>$ AB. Si alors on fait tourner le triangle AaB autour de Aa pour le placer dans le plan AaC, le point B viendra en un point B$_1$ compris entre a et C. D'où B $=$ B$_1$ $>$ C.

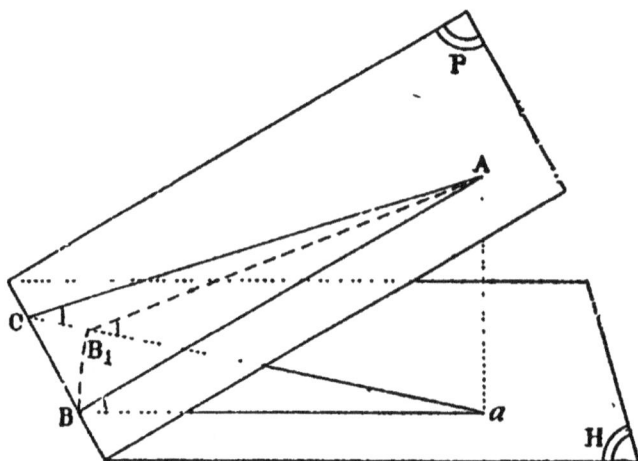

Fig. 11.

THÉORÈME II. — *Si une droite* AB *est une ligne de plus grande pente d'un plan* P *par rapport à un plan horizontal* H, *la projection horizontale de* AB *est perpendiculaire aux projections des horizontales de* P; *et réciproquement* (fig. 11).

1° Si AB est de plus grande pente, la trace BC du plan P, étant perpendiculaire à AB et à la projetante verticale Aa, sera perpendiculaire au plan ABa, et par suite à la droite Ba de ce plan qui est la projection de AB;

2° Réciproquement, si Ba est perpendiculaire à BC, cette trace BC, étant perpendiculaire aux deux droites Ba et Aa du plan ABa, sera perpendiculaire à toute autre droite AB de ce plan : donc AB sera une ligne de plus grande pente.

APPLICATION A LA REPRÉSENTATION D'UN PLAN. — Supposons qu'on donne une ligne de plus grande pente d'un plan; soit

$a(1)b(5)$ cette ligne (fig. 12). On peut, par un point quelconque
m de cette droite, tracer l'horizontale mn du plan, puisque mn
est perpendiculaire à ab. Le plan sera alors déterminé par les
deux droites concourantes AB et MN.

*Donc un plan est déterminé par une ligne de plus grande pente ;
il peut dès lors être représenté au moyen d'une ligne de plus grande
pente cotée au moins en deux points.*

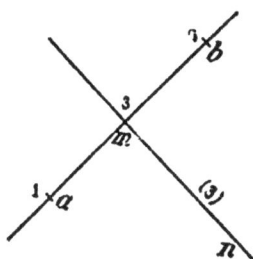

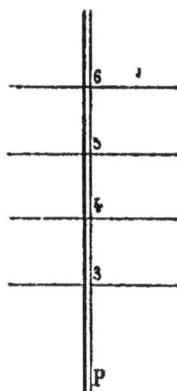

Fig. 12.   Fig. 13.

Pour distinguer cette ligne des autres droites du plan, on la
figure par deux traits parallèles rapprochés (fig. 13), dont un
plus fin. La ligne de pente figurée ci-contre est graduée ; on a
représenté un certain nombre d'horizontales, dont les projections
sont perpendiculaires à la projection P de la ligne de plus grande
pente.

Les cotes s'écrivent parallèlement aux horizontales.

21. PENTE D'UN PLAN. — Toutes les lignes de plus grande pente
d'un plan, étant parallèles, ont la même pente ; et, par définition,
cette pente est la *pente du plan.*

L'intervalle de la ligne de plus grande pente est aussi appelé
intervalle du plan.

Enfin, cette ligne, *graduée,* constitue *l'échelle de pente du plan.*

22. TRACE. — L'horizontale de cote zéro, intersection du plan donné avec le plan de comparaison, est la *trace* du plan.

23. *Plans particuliers.* — Ce qui précède s'applique à un plan qui n'est ni vertical ni horizontal.

Un plan horizontal n'est pas figuré.

Un plan vertical est représenté par sa simple trace sans cote. (Les lignes de plus grande pente sont ici des verticales).

24. PROBLÈME. — *Construire l'échelle de pente d'un plan quelconque.*

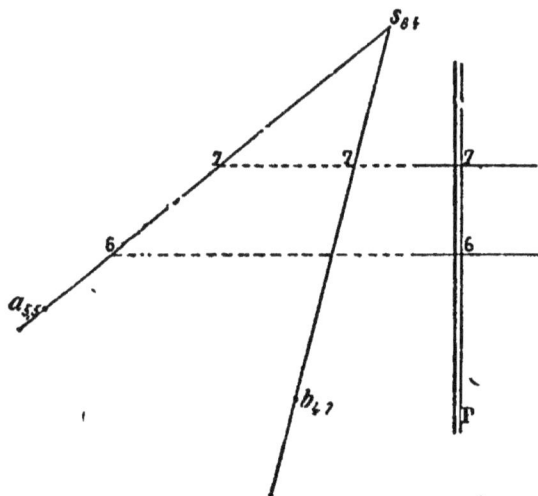

Fig. 14.

Soit un plan défini par deux droites concourantes SA et SB (fig. 14). On cherchera sur chacune des deux droites un point de même cote ronde, de cote 7, par exemple. La droite qui joint ces deux points est l'horizontale 7 du plan.

Sur l'une des droites, SA par exemple, on construit le point de cote 6 ; et par ce point, on mène une deuxième horizontale du plan, en traçant une parallèle à l'horizontale précédente.

Il n'y a plus qu'à tracer une ligne de plus grande P perpendiculaire à ces horizontales, et à marquer les cotes 7 et 6 aux points où elle les rencontre. On a ainsi l'intervalle du plan : on n'a plus qu'à continuer la graduation.

25. PROBLÈME. — *Coter un point d'un plan dont on donne la projection.*

Soit *m* la projection donnée (fig. 15).

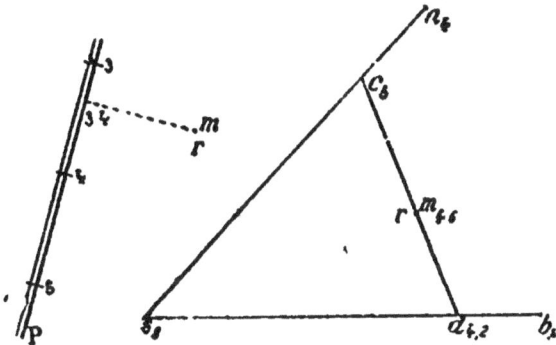

Fig. 15.

1° Le plan étant défini par son échelle de pente P, ce qui est le cas général, la cote de *m* est la cote 3,4 de l'horizontale du plan dont la projection passe par *m*.

2° Si le plan est défini par les deux droites concourantes SA et SB, on tracera, par *m*, la projection d'une droite du plan, s'appuyant en *c* et *d* sur les deux droites données. On cherchera les cotes de *c* et *d* sur ces droites : la droite *cd* étant ainsi cotée en deux points, on saura déterminer la cote d'un troisième point *m*.

26. APPLICATION. — *Reconnaître si un point R est au-dessus ou au-dessous d'un plan donné.*

Soit *r* la projection du point (fig. 15). On cherchera la cote du point du plan situé sur la verticale de R, et ayant, par suite, sa projection *m* confondue avec *r*. Le point R sera au-dessus ou

au-dessous du plan, suivant que sa cote sera supérieure ou inférieure à celle de *m*.

27. PROBLÈME. — *Déterminer la pente d'une droite d'un plan,
connaissant sa projection.*

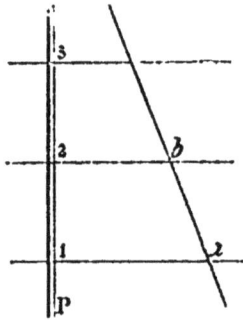

Soit P le plan défini par son échelle
de pente (fig. 16), et *ab* la projection de
la droite.

Pour que la droite soit dans le plan, il
faut et il suffit que deux de ses points *a*
et *b* aient pour cotes respectivement les
cotes des horizontales du plan qui passent par *a* et *b*.

Si on prend ces points *a* et *b* sur deux
horizontales dont les cotes diffèrent de 1,
le segment *ab* sera l'intervalle de la
droite ; et la pente sera alors l'inverse de cet intervalle.

FIG. 16.

28. PROBLÈME. — *Par un point donné d'un plan, tracer dans ce
plan une droite de pente
donnée.*

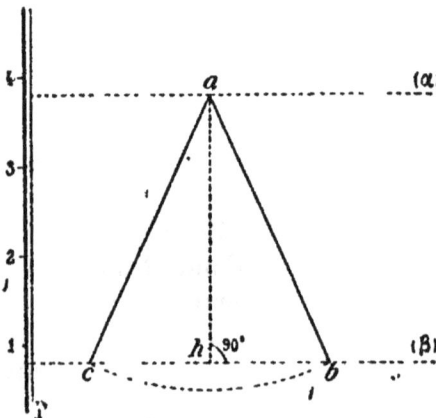

De la pente donnée
p' on déduit l'intervalle

$i' = \dfrac{1}{p'}$ de la droite de-

mandée.

Soit le plan P, qu'on
représentera ici par son
échelle de pente ; et *a* le
point donné (fig. 17).

Imaginons la droite
cherchée *ab*, le point *b*
étant choisi de telle sorte

FIG. 17.

que les horizontales (α) et (β) du plan qui passent par *a* et *b*
comprennent, par exemple, 3 intervalles du plan.

La longueur ab représentera aussi 3 intervalles de la droite, puisque de b à a la cote croît de 3 unités. Donc le point b sera à l'intersection de l'horizontale (β) et d'une circonférence décrite de a comme centre avec un rayon égal à $3i'$.

Discussion. — Pour que le problème soit possible, il faut et il suffit que l'on ait : $ab \geqslant ah$. Si on désigne par i l'intervalle du plan, et par p sa pente, ceci s'écrira : $3i' \geqslant 3i$; d'où $\dfrac{1}{p'} \geqslant \dfrac{1}{p}$, et enfin $p' \leqslant p$.

Il faut donc et il suffit que la pente donnée de la droite soit au plus égale à la pente du plan. On savait, à priori, que cette condition est nécessaire ; la discussion précédente fait voir que la condition est nécessaire et suffisante. Si elle est remplie, il y a deux solutions ab et ac. Ces solutions sont confondues avec la ligne de plus grande pente ah si $p' = p$, ce qui devait être.

(Dans la construction précédente, nous avons pris trois intervalles ; il est clair qu'on peut en prendre un nombre quelconque, mais il convient d'en prendre un nombre suffisant pour que la figure soit nette.)

29. PROBLÈME. — *Par une droite donnée, construire un plan de pente donnée* (fig. 18).

Sur la droite donnée, choisissons deux points $a(6)$ et $b(2)$ comprenant entre eux, par exemple, 4 intervalles ; et imaginons une ligne de plus grande pente ah du plan cherché, allant du point a à l'horizontale du point b : ce segment ah représente également 4 intervalles du plan.

Si p est la pente donnée du plan, son intervalle sera $i = \dfrac{1}{p}$. Et alors ah sera égal à $4i$.

Il sera, d'après cela, facile de construire le point h :

Ce point h est sur une circonférence de diamètre ab. La circonférence étant tracée, on portera à partir de a, une corde de longueur $ah = 4i$: on aura le point h cherché.

On connaîtra ainsi la ligne de pente, cotée en deux points : on pourra construire l'échelle de pente p du plan.

Discussion. — Pour que le problème soit possible, il faut et il suffit que l'on ait: $ah \leqslant ab$. Si on désigne par i' l'intervalle de la droite donnée, et par p' sa pente, ceci s'écrira: $4i \leqslant 4i'$; d'où

$$\frac{1}{p} \leqslant \frac{1}{p'}, \text{ et enfin } p \geqslant p'.$$

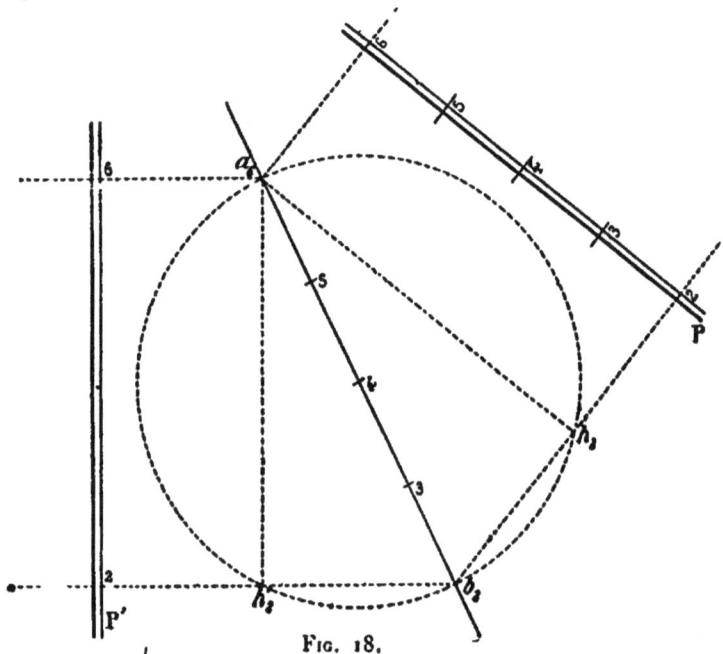

Fig. 18.

Il faut donc et il suffit que la pente donnée du plan soit au moins égale à la pente de la droite. On savait, à priori, que cette condition est nécessaire; la discussion précédente fait voir qu'elle est nécessaire et suffisante. Si la condition est remplie, il y a deux solutions P et P'.

Les deux solutions sont confondues lorsque $p = p'$; car alors ah et ah' sont confondues avec ab. A priori, si $p = p'$, c'est que ab est une ligne de plus grande pente du plan demandé et, par suite, détermine ce plan.

Remarque. — Si la droite donnée *ab* est horizontale, elle donne la direction des horizontales du plan cherché : on en construira immédiatement une ligne de pente, connaissant l'intervalle $i = \dfrac{1}{p}$.

Droites et plans parallèles.

30. Problème. — *Par une droite donnée* (α), *mener un plan* P *parallèle à une autre droite donnée* (β).

Il suffira de mener, par un point de α, une droite (β') parallèle à (β) : le plan défini par (α) et (β') est le plan demandé.

31. Théorème. — *Pour que deux plans soient parallèles, il faut et il suffit que leurs lignes de plus grande pente soient parallèles (c'est-à-dire que ces lignes aient des projections parallèles, des intervalles égaux et des graduations de même sens).*

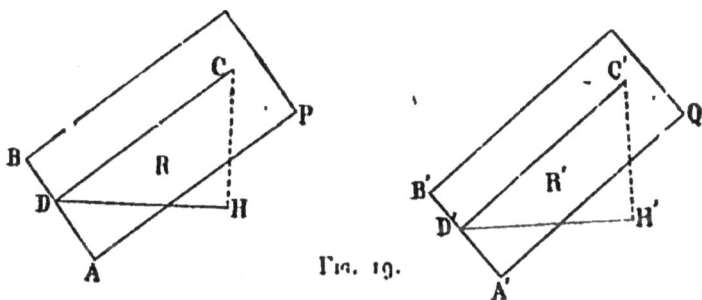

Fig. 19.

1° La condition est nécessaire.

Soient P et Q (fig. 19) deux plans parallèles ; AB et A'B' leurs traces ; CD et C'D' des lignes de plus grande pente de ces plans ; R et R' les plans verticaux qui projettent les lignes de plus grande pente suivant DH et D'H'.

On sait que les traces des deux plans P et Q sont parallèles.

Or les plans verticaux R et R' sont perpendiculaires à ces traces, ils sont donc parallèles entre eux. Alors, les plans P et R étant respectivement parallèles aux plans Q et R', l'intersection CD des deux premiers est parallèle à l'intersection C'D' des deux derniers : donc les lignes de plus grande pente sont parallèles.

2° La condition est suffisante.

En effet, si CD et C'D' sont parallèles, leurs projections DH et D'H' sont parallèles; par suite, dans le plan de comparaison, les traces AB et A'B', respectivement perpendiculaires à ces projections, sont parallèles entre elles. Le plan Q contient donc deux droites concourantes C'D' et A'B' parallèles à deux droites, CD et AB, du plan P: donc il est parallèle au plan P.

D'après ce qui précède, les plans parallèles P et Q (fig. 20) auront leurs échelles de pente parallèles, les intervalles seront égaux et les graduations de même sens.

REMARQUE. — Ce qui précède ne s'applique pas aux plans verticaux. Pour que deux plans verticaux soient parallèles, *il faut et il suffit que leurs traces soient parallèles* (évident).

32. APPLICATION. — *Par un point donné mener un plan parallèle à un plan donné.*

Soit $m(4)$, le point donné.

1° Si le plan est défini par deux droites *concourantes*, on mènera par le point $m(4)$ des parallèles à ces droites : ces deux parallèles déterminent le plan demandé ;

2° Dans le cas général, le plan P (fig. 20) est défini par son échelle de pente. Le plan demandé Q a une échelle de pente parallèle à P, de même intervalle, et graduée dans le même sens. On tracera donc une échelle de pente Q quelconque, mais parallèle à P; on la graduera comme P, en marquant la cote 4 sur l'horizontale qui passe par m. Le plan parallèle Q sera construit;

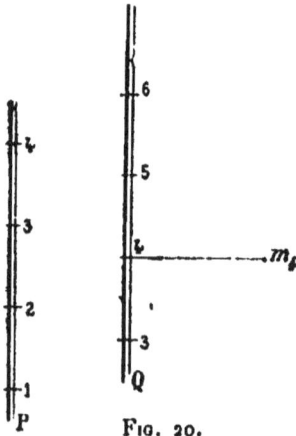

FIG. 20.

3° Si le plan P était vertical, il n'y aurait qu'à mener par m une trace parallèle à celle de P: le plan vertical Q mené par cette trace serait le plan demandé.

CHAPITRE IV

RABATTEMENT
D'UN PLAN SUR UN PLAN HORIZONTAL

33. Lorsqu'une figure plane est située dans un plan parallèle au plan de comparaison, elle se projette horizontalement en grandeur réelle.

Pour cette raison, il sera avantageux, dans la résolution d'un problème relatif à une figure plane, de rendre le plan de la figure parallèle au plan de comparaison : le problème se résoudra alors sur le plan de projection.

On obtient ce résultat en faisant tourner le plan donné autour d'une de ses horizontales, jusqu'à ce qu'il devienne horizontal. C'est ce qu'on appelle *rabattre* le plan sur un plan horizontal.

34. Problème. — *Lorsqu'on rabat un plan sur un plan horizontal, trouver la nouvelle projection d'un point du plan.*

Soit (fig. 21) P le plan donné, et MN une horizontale de ce plan, projetée en *mn* sur le plan de comparaison H Supposons que par une rotation autour de MN le plan P vienne coïncider avec le plan horizontal H' qui passe par MN. Soit alors un point quelconque A du plan P, projeté en *a* : on se propose de déterminer la projection A_1 de ce point, dans la nouvelle position A′ qu'il aura prise à la suite du déplacement du plan P.

Soit AR perpendiculaire à l'axe de rotation MN. La droite RA,

tournant autour du point R pour venir se placer en RA' dans le
plan horizontal H', se meut dans un plan Q perpendiculaire à
l'axe MN. Or ce plan Q, étant perpendiculaire à une horizontale,
est un plan vertical qui contient les projetantes Rr, Aa et A'A₁
des points R, A et A'.

Les trois projections a, r et A_1 sont donc sur une même droite,

trace du plan Q.
Et la position de
cette trace est con-
nue ; car AR étant
une ligne de plus
grande pente du
plan P, sa projec-
tion ar est sur une
perpendiculaire
menée à mn par a.

Il reste à con-
naître la longueur
rA_1. On a évidem-
ment : $rA_1 = RA'$
$= RA$. Donc rA_1
est égale à la dis-
tance des points
A et R.

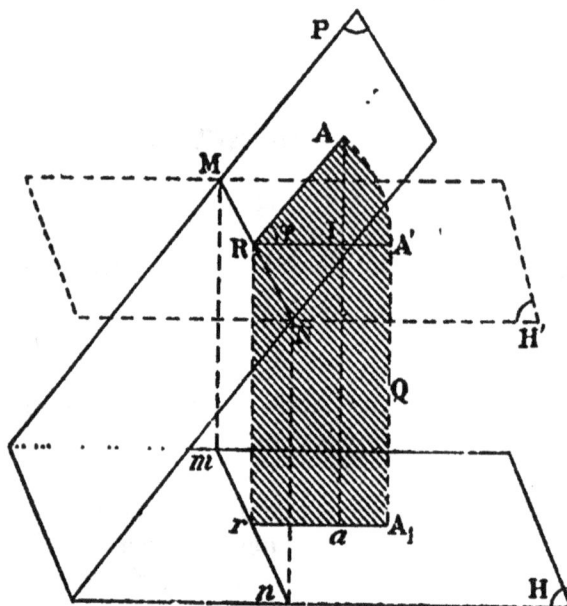
Fic. 21.

Dans l'épure
(fig. 22), après
avoir mené ar perpendiculaire à mn, on construira la longueur
RA en rA_2, hypoténuse du triangle rectangle dans lequel les
côtés de l'angle droit sont la distance horizontale ar des points A
et R et leur distance verticale aA_2 (dans la figure, $aA_2 = 3$ unités). Alors sur ra on portera $rA_1 = rA_2$: on aura le rabattement
cherché A_1.

Rabattement d'autres points. — Tout autre point du plan pourrait être rabattu comme le point A. On remarquera seulement
que l'angle φ du triangle arA_2, égal à l'angle $\widehat{IRA}$ de la figure 21,

mesure l'inclinaison d'une ligne de plus grande pente du plan P; que, par suite, cet angle est constant quel que soit le point du plan : un autre de ces triangles pourra donc être construit au moyen de l'angle φ, sans qu'on ait besoin de connaître la cote du point rabattu.

Mais, pour de nouveaux points, on se dispense le plus souvent de construire ce triangle rectangle; on emploie d'autres procédés, dont voici quelques exemples :

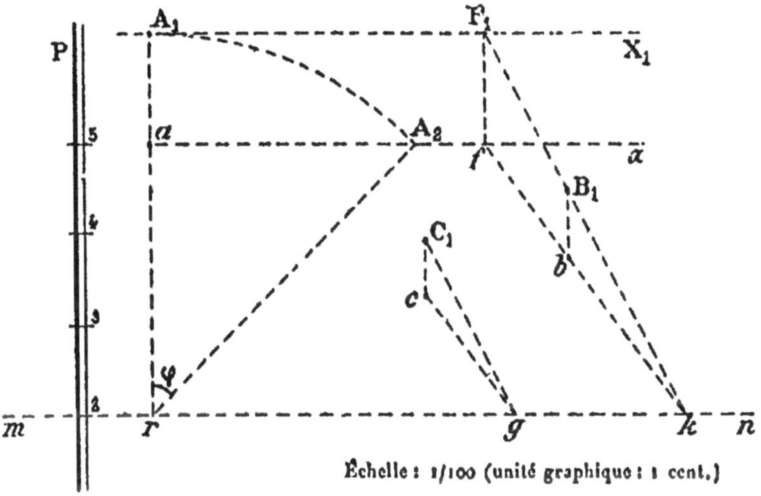
P
A_1
F_1
X_1
5
a
A_2
f
x
B_1
4
C_1
b
c
3
φ
2
m
r
g
k
n
Échelle : 1/100 (unité graphique : 1 cent.)

FIG. 22.

1° Pour rabattre le point b, on trace par b la droite kf allant de la charnière mn à l'horizontale ax. Le point k est à lui-même son rabattement ; le point f se rabat en F_1 sur le rabattement A_1X_1 de ax. Le rabattement B_1 de b est sur kF_1.

Le point f pourrait être pris de même sur toute droite déjà rabattue.

2° Pour avoir le rabattement C_1 de c, on a tracé, par c, la droite cg parallèle à kb ; le rabattement de cg est parallèle à kB_1, et contient C_1.

Relèvement. — Relever un point c'est revenir du rabattement à la projection primitive. Les procédés sont les mêmes que pour rabattre, mais les constructions se font dans le sens inverse.

Ainsi, pour relever B_1, on tracera kF_1, on relèvera F_1 en f, et on joindra kf qui contiendra le point b.

35. *Cas simple où le plan P est vertical.* — La droite AR est alors verticale, et sa longueur est égale à la différence entre la cote de A et celle de l'axe MN (fig. 23). Le rabattement A_1 est donc sur une perpendiculaire

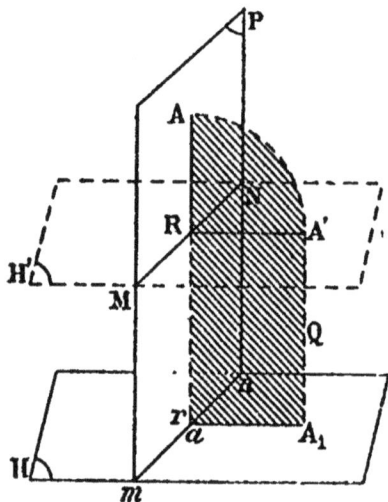

Fig. 23.

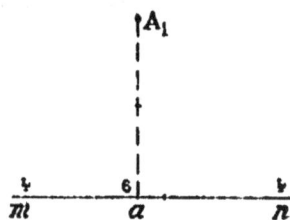

Échelle : 1/100.

Fig. 24.

menée à *mn* par *a*, et à une distance égale à la différence entre les cotes de l'axe MN et du point A.

Dans l'épure (fig. 24), le plan vertical ayant pour trace *mn* est rabattu autour de l'horizontale de cote 4 : un point $a(6)$ se rabat en A_1 sur une perpendiculaire à *mn* menée par *a*, et à une distance aA_1 égale à 2.

Inversement, si A_1 était donné, il serait facile de relever le point, c'est-à-dire d'en déterminer la projection *a* et la cote 6.

On peut se rappeler qu'on a déjà eu occasion, aux n°ˢ 9 et 11, de faire le rabattement d'un plan vertical.

36. Enfin, quel que soit le plan P rabattu, il est évident que deux points situés de part et d'autre de MN se rabattront de part et d'autre de mn.

Exemples d'application de la méthode des rabattements.

37. PROBLÈME. — *Construire par un point M une perpendiculaire à une droite AB, et déterminer la distance du point à la droite* (fig. 25).

Rabattons le plan ABM par exemple autour de l'horizontale AM : la droite AB se rabat en aB_1; le point M se projette

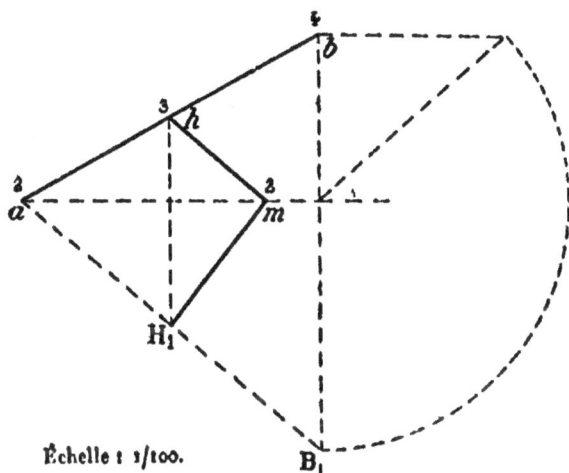

Échelle : 1/100.

FIG. 25.

toujours en *m*. Le plan ABM étant ainsi rendu horizontal, la figure formée par AB et par la perpendiculaire MH à cette droite se projette en grandeur réelle. Donc :

1° Si on mène mH_1 perpendiculaire à aB_1, la longueur du segment mH_1 représentera la distance du point M à la droite AB.

2° Si on relève le point H_1 en $h(3)$ on aura construit la perpendiculaire indéfinie MH menée du point M à la droite AB.

38. Problème. — *Construire l'angle de deux droites.*

Soient SA et SB deux droites concourantes (fig. 26). Pour construire' les angles de ces droites, on rabattra par exemple autour de l'horizontale *ab*, de cote 2, le plan qui les contient

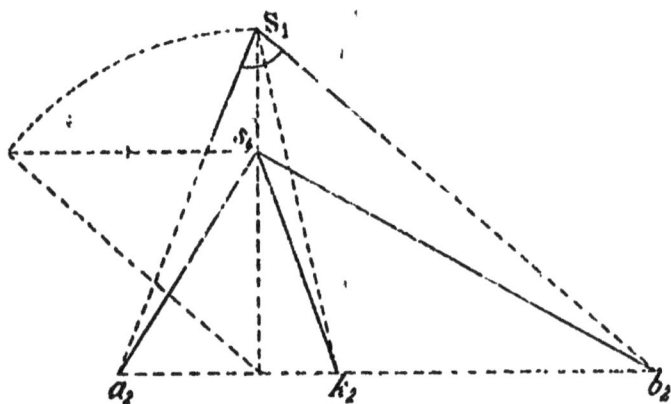

Unité graphique : 1ᵉ,4.   .   Fig. 26.

Les angles cherchés seront égaux aux angles formés par les rabattements S_1a et S_1b des deux droites.

Bissectrice. — Si on veut construire la bissectrice de l'un de ces angles, par exemple de l'angle ASB, on construira la bissectrice S_1k de l'angle rabattu, et on la relèvera en $s(4)$ $k(2)$.

On sait que si les droites données n'étaient pas concourantes, on les remplacerait par des parallèles issues d'un même point.

CHAPITRE V

INTERSECTIONS DE PLANS
INTERSECTIONS DE DROITES ET DE PLANS

Intersection de deux plans.

39. Soit à chercher l'intersection AB de deux plans P et Q (fig. 27). On obtiendra un point M de AB par la méthode suivante :

Coupons P et Q par un plan R tel que l'on sache construire les sections MC et MD faites par ce plan R dans les plans P et Q ; le point M commun à MC et à MD sera un point de AB.

Cette opération, exécutée deux fois, fournira l'intersection des deux plans. Il est clair que si on connaît déjà soit un point, soit la direction de l'intersection, il suffira d'une construction auxiliaire pour déterminer un point de cette intersection.

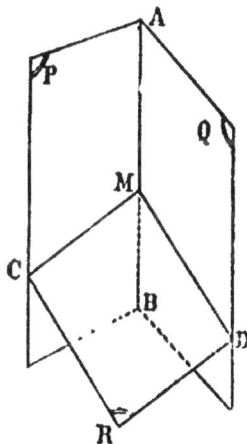

Fig. 27.

40. *Cas général.* — Dans le cas général, les plans auxiliaires employés sont des plans horizontaux, qui coupent les plans donnés suivant des horizontales de même cote.

Soient P et Q les plans donnés, définis par leurs échelles de pente (fig. 28). Le plan horizontal de cote 2 les coupe suivant les horizontales 2, qui se rencontrent en un point $a(2)$; ce point $a(2)$ est un point de l'intersection cherchée. De même le point $b(4)$, où se rencontrent les horizontales 4, est un autre point de l'intersection.

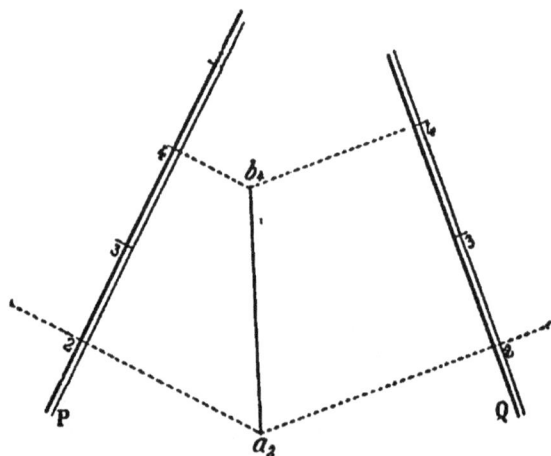

Fig. 28.

L'intersection des deux plans est donc $a(2)b(4)$.

41. Si les horizontales de même cote des deux plans P et Q ne se rencontraient pas dans les limites de l'épure, on cherchait un point commun à ces plans au moyen d'un plan auxiliaire tel que ses intersections avec les deux plans donnés pussent s'obtenir par la construction précédente de la figure 28. Cette construction, exécutée deux fois, fournirait l'intersection des plans P et Q.

42. De même, si les horizontales des deux plans P et Q étaient parallèles, c'est-à-dire si *les lignes de plus grande pente* P *et* Q *avaient leurs projections parallèles.*

Mais, dans ce cas, on remarquera que les plans P et Q contenant des horizontales parallèles, *leur in-*
tersection est parallèle à ces horizontales: il
suffit donc d'un point pour la déterminer.

43. *Intersection d'un plan vertical avec un*
plan quelconque.

La construction est évidente.

Soit le plan vertical xy et le plan P défini par son échelle de pente (fig. 29). Le
plan xy rencontre au point $a(1)$ l'horizontale 1 du plan P, et au point $b(4)$ l'hori-
zontale 4. L'intersection des plans est donc la droite $a(1)\, b(4)$.

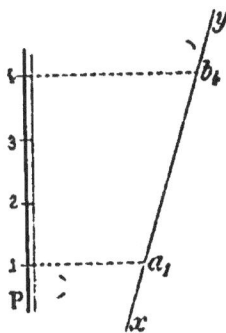

Fig. 29.

44. *Application à la construction de l'intersection de deux plans*
dont les échelles de pente ont des projections parallèles.

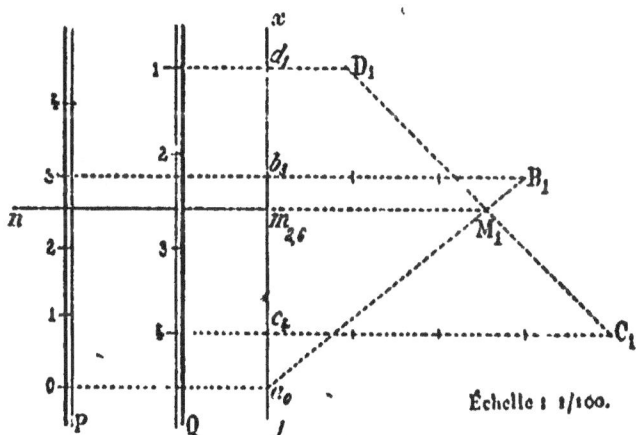

Échelle : 1/100.

Fig 30.

Soient P et Q les deux plans (fig. 30). On vient de voir
(n° 42) que leur intersection est une horizontale.

Pour avoir un point de cette intersection, on coupera les plans donnés par un plan vertical xy perpendiculaires aux horizontales.

Ce plan xy coupe le plan P suivant $a(o)b(3)$, et le plan Q suivant $c(4)d(1)$. Pour avoir le point de rencontre de ces deux droites, on rabattra le plan xy, autour de sa trace, sur le plan horizontal. Les rabattements aB_1 et C_1D_1 des deux droites se coupent en M_1. On relève M_1 en $m(2,6)$: on aura là un point de l'intersection des plans P et Q. Il n'y aura qu'à mener mn parallèle aux horizontales: mn est l'intersection cherchée.

Comme vérification, la cote de mn, estimée sur les échelles de pente, devra être égale à la cote $2,6$ du point relevé m.

45. Nota. — Voir, concernant cette question, l'exercice n° 3, page 43.

Intersection de trois plans.

46. Lorsque trois plans ont un point commun, ce point sera le point où se rencontrent les intersections de l'un de ces plans avec les deux autres.

Intersection d'une droite et d'un plan.

47. Il est quelques cas simples où cette intersection s'obtient immédiatement:

1° Si la droite est verticale, le point cherché est le point du plan qui se projette au pied de la verticale; on sait en trouver la cote (n° 25);

2° Si la droite est horizontale, on cherchera le point où elle rencontre l'horizontale du plan qui a la même cote;

3° Si le plan est vertical, le point où la droite perce le plan est le point de la droite qui se projette sur la trace du plan (ce cas *évident* s'est présenté ci-dessus au n° 43).

48. *Cas général.* — Soient AB la droite donnée et P le plan donné (fig. 31). *Par AB on mène un plan Q, dont on cherche l'intersection CD avec AB : le point M commun à AB et à CD est le oint où AB perce le plan P.*

En principe, le plan auxiliaire peut être quelconque. Mais le plan auxiliaire généralement employé est le plan qui a pour

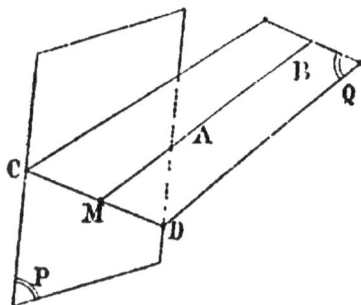

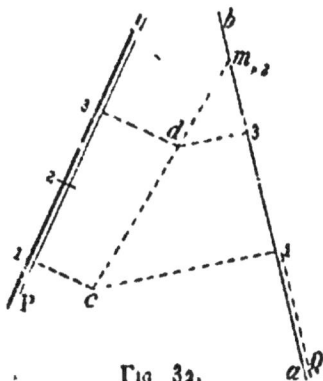

Fig. 31.   Fig. 32.

igne de plus gran le pente la droite donnée ; c'est celui que nous allons employer :

Soit P le plan donné (fig. 32), et AB la droite donnée. Le plan Q dont la ligne de plus grande pente est AB, coupe le plan P suivant *cd.* Le point *m*, commun à *ab* et à *cd* est le point où la droite AB perce le plan P.

La cote de *m* sera prise soit sur P, soit sur *ab*.

49. On peut aussi employer facilement, comme plan auxiliaire, le plan vertical qui projette la droite. Cette construction convient, par exemple, lorsque *la projection de la droite est parallèle à la projection de la ligne de plus grande pente du plan.*

Soit P le plan (fig. 33) et $a(o)b(2)$ la droite. Le plan vertical *xy*, qui projette la droite, coupe le plan P suivant $c(3)d(o)$. Pour avoir le point commun à cette droite et à la droite donnée, rabattons le plan *xy* autour de sa trace. Les rabattements aB_1 et

$C_1 d$ des droites se coupent en M_1 : on relève le point M_1 en $m(1)$. Ce point M. est le point où la droite donnée perce le plan.

Comme vérification, la cote 1 du point m devra être celle de l'horizontale du plan qui passe par m.

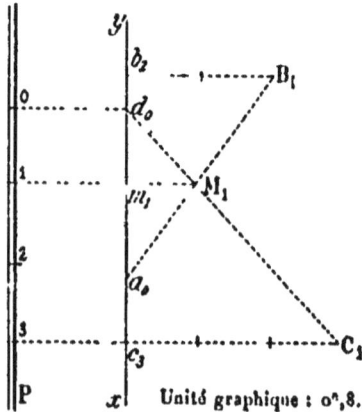

Unité graphique : 0ᵐ,8.

FIG. 33.

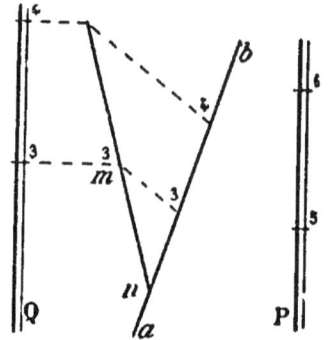

FIG. 34.

50. APPLICATION. — Si trois plans ont un point commun, on peut déterminer ce point en cherchant le point où l'intersection des deux premiers plans perce le troisième.

Problèmes d'application.

51. PROBLÈME. — *Mener par un point donné M une droite MN qui soit parallèle à un plan donné P et qui rencontre une droite donnée AB (fig. 34).*

On connaît deux plans qui contiennent la droite demandée MN : 1° le plan MAB défini par le point M et par la droite AB ; 2° le plan Q mené par M parallèlement au plan P. La droite MN sera donc l'intersection des deux plans MAB et Q.

Il n'y a qu'à chercher un point de l'intersection, puisque on en connaît déjà le point M ; dans l'épure, on a construit un point au moyen des horizontales 4.

52. PROBLÈME. — *Par un point donné S, tracer une droite MN qui rencontre deux droites données AB et CD (fig. 35).*

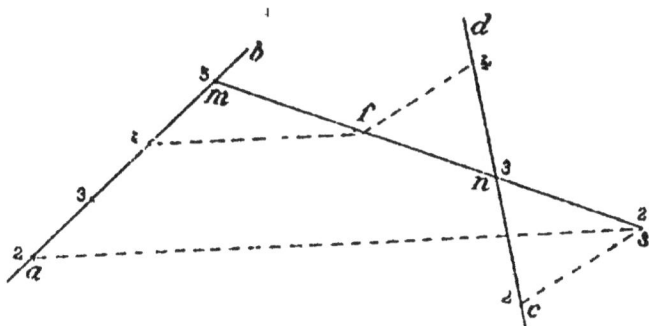

Fig. 35.

Il est évident que la droite demandée MN est l'intersection des plans SAB et SCD. Il suffit d'en construire un point, puisque le point S est déjà connu : dans l'épure, on a construit le point F au moyen des horizontales 4.

53. PROBLÈME. — *Construire une droite MN qui soit parallèle à une direction donnée Δ et qui rencontre deux droites données AB et CD.*

La droite MN et la droite AB (fig. 36) formeraient un plan P parallèle à Δ : ce plan peut se construire au moyen des don-

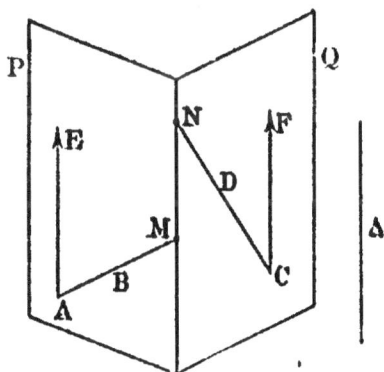

Fig. 36.

nées, il pourra être représenté par la droite AB et par une parallèle AE menée à Δ en un point de AB.

De même, MN sera aussi dans le plan Q qu'on déterminera par la droite CD et par une parallèle CF menée à Δ en un point de CD.

MN sera donc l'intersection des plans P et Q. Comme cette

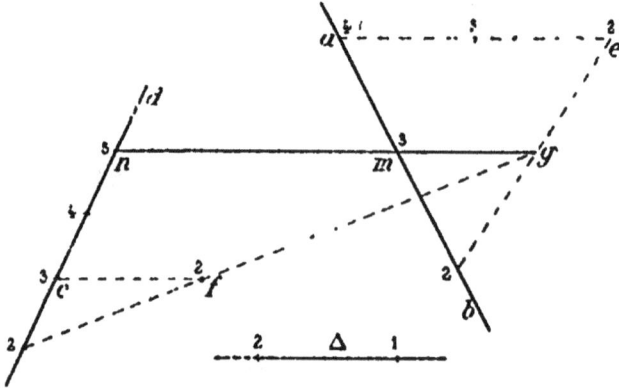

Fio. 37.

intersection est parallèle à Δ, il suffira d'en déterminer un point : dans l'épure (fig. 37), on a construit le point G où se coupent les horizontales 2, et par G on a mené MN parallèle à Δ.

Exercices sur les chapitres III, IV et V.

1. Reconnaître si 4 points sont dans un même plan.

2. Reconnaître si une droite est parallèle à un plan.

3. Toutes les horizontales qui s'appuient sur deux droites dont les projections sont parallèles, rencontrent une verticale fixe : autrement dit, les projections de ces horizontales passent toutes par un point fixe.

(En effet, soient ab et cd les deux droites (fig. 38). Soit ad une horizontale s'appuyant sur ces deux droites, et m le point où toute autre horizontale analogue *bc* coupe *ad* en projection horizontale. Si on appelle *i* et *i'* les intervalles des droites données, on aura :

$$\frac{ma}{md} = \frac{ab}{cd} = \frac{2i}{2i''} = \frac{i}{i''} = \text{constante.}$$

Le point *m* est donc fixe).

Application. — Si les droites données sont les échelles de pente de deux plans P et Q, l'intersection de ces plans, qui est une horizontale s'appuyant sur les lignes de plus grande pente, passera par *m*. Cette intersection sera donc déterminée par la construction précédente, mais la méthode n'est applicable que si le point *m* est dans les limites de l'épure.

4. Connaissant la cote d'un point et son rabattement autour d'une horizontale donnée, relever ce point.

5. On donne le rabattement d'un point autour d'une horizontale donnée. Relever ce point, sachant qu'il est contenu dans un plan donné.

6. Dans un plan donné, déterminer un point qui soit à des distances données de deux points donnés sur une même horizontale.

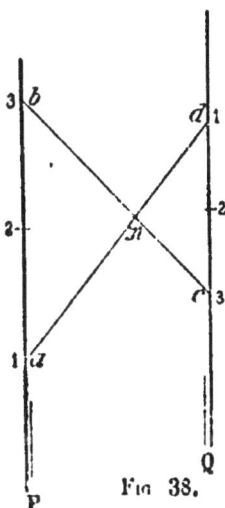

Fig 38.

7. Par un point donné, tracer une droite parallèle à un plan donné P et telle que le segment intercepté sur la droite par deux plans Q et R parallèles entre eux ait une longueur donnée.

8. Construire un segment horizontal de longueur donnée, et s'appuyant par ses extrémités sur deux droites données.

9. Même question, lorsque le segment demandé, au lieu d'être horizontal, doit être parallèle à un plan donné quelconque.

10. Construire un tétraèdre SABC, connaissant la base ABC, supposée horizontale, les arêtes SB et SC, et la hauteur.

CHAPITRE VI

DROITES ET PLANS PERPENDICULAIRES
DISTANCES

Condition pour qu'un angle droit se projette suivant un droit.

54. Théorème. — *Pour qu'un angle droit se projette sur un plan suivant un angle droit, il faut et il suffit que l'un de ses côtés soit parallèle à ce plan.*

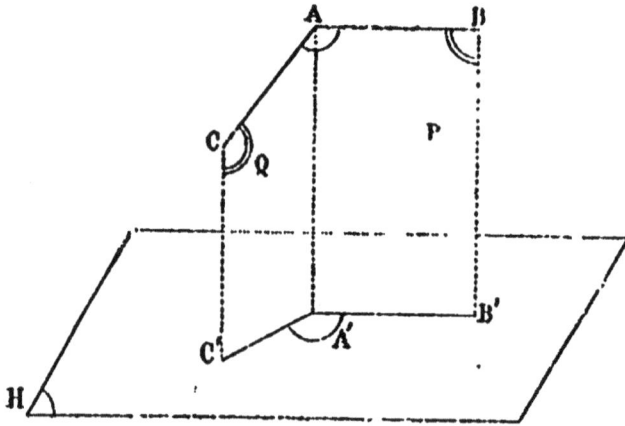

' Fig. 39.

Soit (fig. 39) BAC un angle droit donné, B'A'C' sa projection sur un plan H ; soient P et Q les plans projetants des droites AB et AC.

1° Supposons que l'angle A' soit droit : je dis que l'un des côtés de l'angle A est parallèle à H. Pour l'établir, on fera voir que si AC n'est pas parallèle à H, le côté AB devra l'être.

Remarquons d'abord que AC n'étant pas parallèle au plan H, n'est pas parallèle à sa projection A'C'.

Cela posé, la droite A'C', perpendiculaire à deux droites A'B' et AA' du plan P, est perpendiculaire à une troisième droite AB de ce plan.

Alors, AB étant perpendiculaire aux deux droites A'C' et AC du plan Q, est perpendiculaire à la droite AA' de ce plan. Les deux droites AB et A'B' sont ainsi, dans le même plan P, perpendiculaires à la même droite AA': elles sont donc parallèles. D'où il suit que AB est parallèle au plan H. Donc la condition énoncée est *nécessaire*.

2° La condition est aussi *suffisante*.

En effet, supposons AB parallèle au plan H : d'abord AB est parallèle à sa projection A'B'. Ensuite AB, perpendiculaire aux deux droites AC et AA' du plan Q, est perpendiculaire à la droite A'C' de ce plan : sa parallèle A'B' est aussi perpendiculaire à A'C', et l'angle A' est droit.

Généralisation. — Ce qui précède subsiste si l'un des côtés de l'angle est remplacé par une droite parallèle. Par conséquent, *pour que deux droites orthogonales se projettent sur un plan suivant des droites orthogonales, il faut et il suffit que l'une d'elles soit parallèle au plan.*

Condition pour qu'une droite et un plan soient perpendiculaires.

55. Théorème. — *Pour qu'une droite et un plan soient perpendiculaires, il faut et il suffit que la droite et la ligne de plus grande pente du plan aient des projections parallèles ; que leurs intervalles soient l'inverse l'un de l'autre, et leurs graduations de sens contraires.*

3.

1° Les conditions sont nécessaires.

D'abord, les projections de la droite et de la ligne de plus
grande pente du plan doivent être parallèles. En effet, si la droite
est perpendiculaire au plan, elle fait un angle droit avec toute
horizontale du plan, et cet angle
droit (n° 54) se projette suivant
un angle droit : la projection de
la droite est donc perpendiculaire aux projections des horizontales du plan. Mais la projection d'une ligne de plus grande
pente est aussi perpendiculaire à
celles des horizontales. Donc, en-
fin, les projections de la droite et de la ligne de plus grande
pente, étant perpendiculaires à une même direction, sont parallèles entre elles.

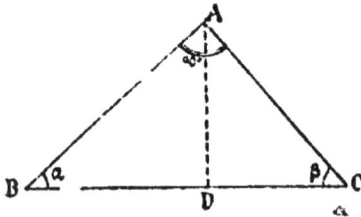

Fig. 40.

Passons aux autres conditions. Soient CA la perpendiculaire
au plan (fig. 40) et A son pied sur le plan. Soit AB la ligne de
plus grande pente qui passe par ce point A. Les droites AC et
AB, qui ont un point commun, et leurs projections parallèles,
se projettent suivant la même droite BC : soient C et B leurs
traces, et D la projection du point A.

La pente de AC est le rapport $\dfrac{AD}{CD}$, la pente de AB est le

rapport $\dfrac{AD}{BD}$. Or, dans le triangle rectangle ABC, on a :

$\overline{AD}^2 = BD \times CD$; d'où $\dfrac{AD}{CD} = \dfrac{BD}{AD} = \dfrac{1}{\dfrac{AD}{BD}}$. La pente de l'une

des droites est donc l'inverse de la pente de l'autre (trigonomé-

triquement, les pentes seraient tg α et tg β : or tg $\alpha = \dfrac{1}{\text{tg } \beta}$).
Il en sera, dès lors, de même des intervalles.

Enfin, il est évident que les graduations doivent être de sens
contraires.

2° Les conditions sont suffisantes,

Supposons, en effet (fig. 41), un plan P et une droite AB satisfaisant à ces conditions, c'est-à-dire tels que les projections de la ligne de plus grande pente et de la droite AB soient parallèles, leurs intervalles inverses, et leurs graduations de sens contraires.

Par un point $a(b)$ de la droite AB, j'imagine une perpendiculaire AX au plan. Cette perpendiculaire AX aura sa projection parallèle à celle de P, un intervalle inverse de celui de P, une graduation de sens contraire : elle aura donc même projection, même intervalle, une graduation de même sens que la droite AB. Elle sera donc confondue avec AB ; donc enfin AB est perpendiculaire au plan.

56. REMARQUE. — Soient i l'intervalle d'un plan, et i' celui d'une perpendiculaire au plan. On vient de voir que $i = \dfrac{1}{i'}$ ou $ii' = 1$. On aura, dans les questions qui suivront, à déduire, au moyen de cette propriété, i' de i, ou inversement. Soient, par exemple, l'intervalle i donné et i' à déterminer.

1° On peut évaluer i en nombre au moyen de l'échelle, calculer l'inverse de ce nombre et prendre sur l'échelle la longueur correspondante à ce nombre inverse : cette longueur représentera i'.

Ce procédé est le plus pratique lorsque l'échelle graphique est le double décimètre.

2° On constate qu'en vertu de la relation $ii' = 1$, le segment qui représente

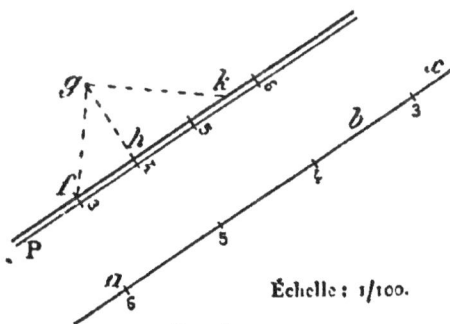

Échelle : 1/100.

Fig. 41.

l'unité de longueur est la hauteur d'un triangle rectangle, dans lequel i et i' sont les segments déterminés par cette hauteur sur l'hypoténuse.

Ce triangle peut se construire, lorsque i est connu : soit (fig. 41)
$i = fh$. On élève à fh la perpendiculaire hg égale à 1 d'après
l'échelle graphique : et on mène gk perpendiculaire à fg : on
aura $i' = hk$.

(L'opération précédente est identique à celle qui a été expliquée
dans la remarque du n° 8.)

Droite perpendiculaire à un plan. — Distance d'un point à un plan.

57. PROBLÈME. — *Par un point donné, mener une perpendiculaire à un plan donné.*

Soit P le plan donné, et $m(5)$ le point donné (fig. 42).

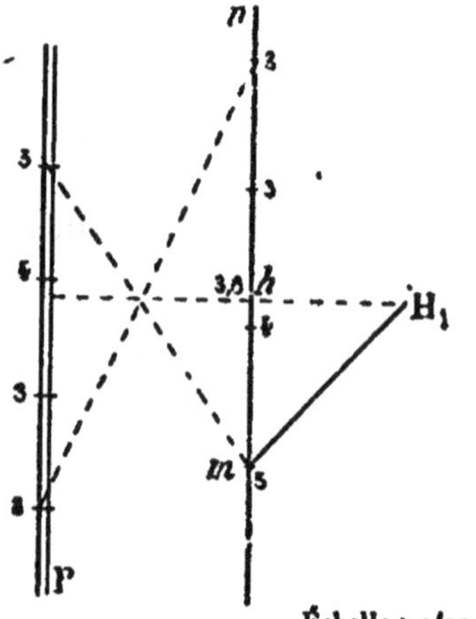

Échelle : 1/100

FIG. 42.

La projection mn de la perpendiculaire est parallèle à celle de P. Son
intervalle s'obtiendra en cherchant
l'inverse de l'intervalle du plan (n°
55). On sait, d'ailleurs, que la graduation de mn et celle de P sont de
sens contraires. La perpendiculaire
sera donc déterminée.

DISTANCE DU POINT M AU PLAN P.
— Après avoir mené la perpendiculaire MN, comme on vient de le
faire, on cherchera le pied $h(3,8)$
de cette perpendiculaire sur le plan
P ; puis on construira en mH_1 la
grandeur du segment MH.

(Dans l'épure, on a déterminé le
point H au moyen de la construction indiquée au n° 45. Pour
obtenir la grandeur de MH, on a rabattu le plan vertical mh
autour de l'horizontale 5.)

58. *Autre construction.* — La question présente est tellement

importante, que nous croyons devoir indiquer un deuxième
procédé de construction.

Nous savons que la perpendiculaire MH (fig. 43) est dans un
plan vertical xy perpen-
diculaire aux horizon-
tales du plan P. D'ail-
leurs, la ligne de plus
grande pente $a(2)$ $b(5)$
du plan P qui est con-
tenue dans le plan ver-
tical xy est orthogonale
à MH. Ceci détermine
MH : on n'aura qu'à me-
ner par M, dans le plan
xy, une perpendiculaire
à AB.

Pour cela, on rabattra
le plan xy par exemple

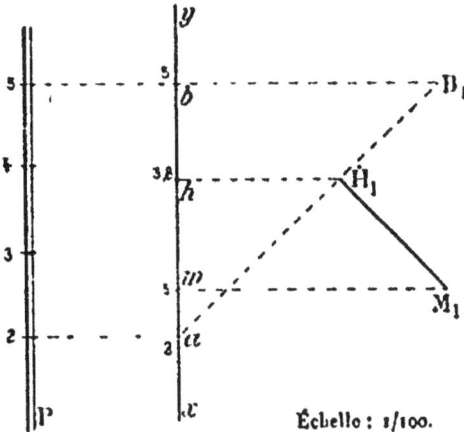

Fig. 43.

Échelle : 1/100.

autour de l'horizontale 2 : la droite ab se rabattra en aB_1, le
point m en M_1. On n'a plus qu'à tracer M_1H_1 perpendiculaire à
aB_1 ; alors :

1° H_1 est, en rabattement, le *pied* de la perpendiculaire cherchée ;

2° M_1H_1 est la *distance* du point M au plan P ;

3° Si on relève H_1 en $h(3,8)$, on aura la perpendiculaire
cotée MH (on pourrait, d'ailleurs, relever tout autre point de
M_1H_1).

59. APPLICATION. — *Par un point H donné dans un plan P,
élever à ce plan une perpendiculaire de longueur donnée.*

La construction qui précède (fig. 43) convient très bien ici.
On rabattra la ligne de plus grande pente AH en aH_1, on
mènera à aH_1 la perpendiculaire H_1M_1 égale à la longueur
donnée ; et on relèvera M_1 en $m(5)$ (Si le sens de HM n'est pas
donné, il y aura deux positions possibles du point M).

Distance de deux plans parallèles.

60. Cette question se ramène à la précédente, puisque *la distance de deux plans parallèles* P *et* Q est la distance H_1M_1 d'un
point M de l'un de ces plans à l'autre plan.

61. APPLICATION. — *Construire un plan* Q *parallèle à un plan
P, et qui soit à une distance
donnée du plan* P.

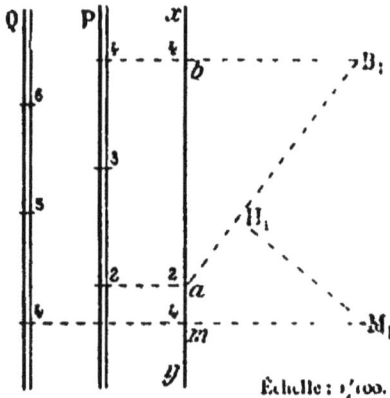

On élèvera au plan P, en
un de ses points, une perpendiculaire égale à la longueur
donnée; et par l'extrémité
de cette perpendiculaire, on
construira un plan Q parallèle au plan P; ce sera le
plan demandé.

Exécutons cette construc-
tion.

Soit P le plan donné (fig.
44). Considérons la ligne de
plus grande pente contenue
dans le plan vertical xy. Le plan xy étant rabattu par exemple
autour de l'horizontale 2, soit aB_1 le rabattement de la ligne
de plus grande pente. Si, en un point H_1 de aB_1, on élève à
cette ligne la perpendiculaire H_1M_1 égale à la longueur donnée, et qu'on relève M_1 en $m(4)$, ce point $m(4)$ sera un point
du plan cherché. On pourra construire sa ligne de plus grande
pente Q.

Il y a deux solutions, si on n'a pas indiqué de quel côté du
plan P doit se trouver le plan Q.

Échelle : $\frac{1}{100}$.

Fig. 44.

Plan perpendiculaire à une droite.

62. Problème. — *Par un point donné* M *mener un plan* P *perpendiculaire à une droite donnée* AB.

On tracera la projection d'une échelle de pente P parallèlement à *ab* (fig. 45). On pourra d'abord marquer sur cette échelle le

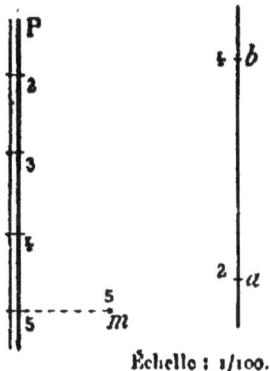

Échelle : 1/100.

Fig. 45.

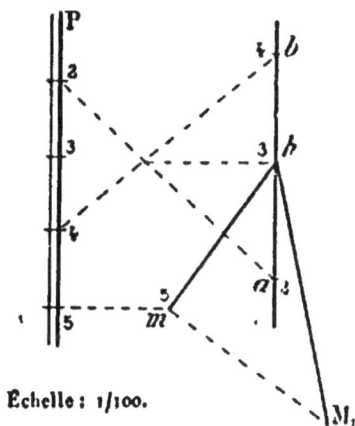

Échelle : 1/100.

Fig. 46.

point de cote 5, situé sur l'horizontale de *m*. Puis on cherchera l'intervalle du plan, déduit de celui de AB (n° 56) ; et on graduera l'échelle P.

Perpendiculaire à une droite. — Distance d'un point à une droite.

63. Problème. — *Par un point donné* M *mener une perpendiculaire* MH *à une droite donnée* AB *et déterminer la distance du point à la droite.*

I. — La perpendiculaire MH est contenue dans un plan perpendiculaire à AB et mené par le point M. On vient de construire ce plan (fig. 45). Si on cherche maintenant (fig. 46) le point H où AB perce le plan, la ligne MH sera la perpendiculaire demandée.

II. — On aura la *distance* du point M à la droite AB en rabattant le plan vertical *mh*, par exemple autour de l'horizontale 3 : la distance sera hM_1.

64. Ce problème avait été déjà résolu au n° 37, comme exemple de la méthode des rabattements.

Perpendiculaire commune à deux droites.
Distance de deux droites.

65. La *perpendiculaire commune à deux droites* est une droite rencontrant sous un angle droit chacune des deux droites données.

PROBLÈME. — *Construire la perpendiculaire commune à deux droites données AB et CD.*

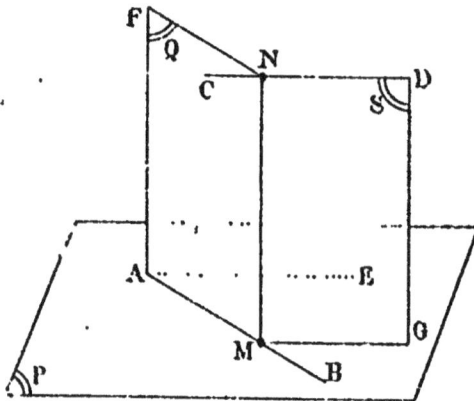

Fig. 47.

Nous chercherons d'abord la direction Δ de cette perpendiculaire commune. Cette direction est déterminée par cela même que Δ doit être orthogonale à AB et à CD. En effet, si nous représentons les directions de AB et de CD par des parallèles à ces droites, issues d'un même point arbitraire, ces parallèles déterminent un plan P ; et pour que Δ soit orthogonale à AB et à CD, il faut et il suffit qu'elle soit orthogonale au plan P. La direction Δ est donc celle d'une normale au plan P.

On est alors ramené à la question traitée au n° 53 : *Construire une droite MN parallèle à Δ et qui rencontre AB et CD.* Le problème se trouve résolu.

Dans la fig. 47, le plan P construit est le plan BAE formé par AB et par la droite AE qu'on a menée, par le point A, parallèle à CD : la normale AF à ce plan est la direction de la perpendiculaire commune MN. Alors MN est l'intersection des plans Q et S, parallèles à AF, et passant l'un par AB, l'autre par CD.

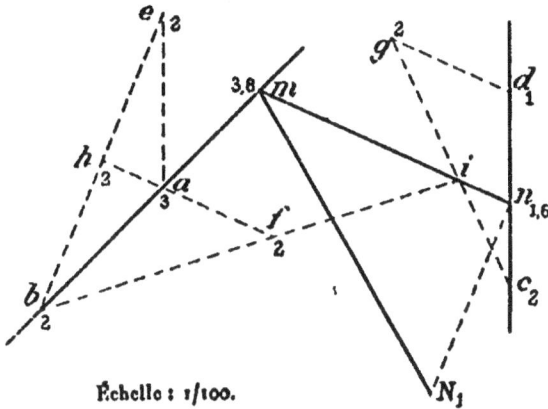

Échelle : 1/100.

Fig. 48.

Dans *l'épure* (fig. 48), *ah* est l'intervalle du plan P, *af* celui de la normale à ce plan.

Le plan Q est déterminé par AB et AF ; le plan S, par CD et par DG parallèle à AF. L'intersection des plans Q et S est déterminée par le point *i* où se coupent leurs horizontales 2 : on n'a qu'à mener, par *i*, la droite *mn* parallèle à *af*.

Distance de deux droites. — C'est la longueur de la perpendiculaire commune. On l'a construite en mN_1, dans la fig. 48, en rabattant le plan vertical *mn* autour de l'horizontale de cote 3,8.

66. REMARQUES. — I. Si on voulait seulement connaître la longueur de la perpendiculaire commune sans s'inquiéter de sa

position, il suffirait (fig. 47) de construire le plan P et de chercher la distance de ce plan à un point quelconque de CD.

II. — La direction de la perpendiculaire commune à deux
droites serait encore celle de l'intersection de deux plans respectivement perpendiculaires à ces deux droites.

67. *Cas simple où l'une des deux droites est verticale.* — Le
problème se résout, dans ce cas, avec une
extrême facilité, directement et indépendam-
ment de la théorie précédente.

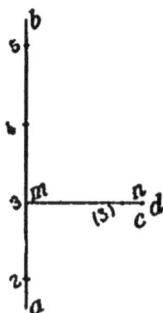

Soit (fig. 49) la droite AB quelconque, et la
droite CD *verticale.* Imaginons la perpendiculaire commune MN, s'appuyant en M sur AB et
en N sur CD. Le point N se projette au pied
de la verticale en c. D'autre part, MN étant
perpendiculaire à une verticale, est horizontale; et puisque MN est orthogonale à AB, sa
projection mn est orthogonale à ab (n° 54).

Fig. 49.

On n'aura donc qu'à tracer par n, la perpen-
diculaire nm à ab. On cotera m sur la droite ab: on aura la cote
de l'horizontale MN.

Il est clair que la distance des droites données est égale à mn.

Problème d'application.

68. Problème. — *Un plan* P *étant rabattu autour d'une de ses
horizontales, trouver, dans la nouvelle position, la projection et la
cote d'un point donné* M *invariablement lié au plan.*

On pourra exprimer qu'un point M est invariablement lié à
un plan P, en disant que la perpendiculaire abaissée du point
sur le plan est emportée par le plan dans son mouvement: cela
revient à dire que la projection du point sur le plan reste fixe,
et que sa distance au plan reste constante et du même côté du plan.

Soit donc P rabattu autour de l'horizontale 2.

Construisons d'abord, par M, une perpendiculaire au plan (fig. 5o). En employant la méthode exposée au n° 58, on rabattra autour de l'horizontale 2 le plan vertical xy qui passe par m et est parallèle à la ligne de plus grande pente P : la perpendiculaire cherchée est, en rabattement M_1H_1 ; sa longueur est précisément M_1H_1, et son pied sur le plan P est le point H_1 qui se relèverait en h.

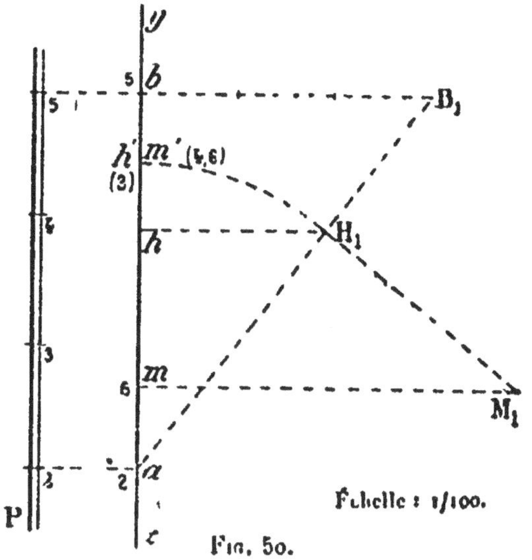

Si maintenant nous rabattons le plan P autour de l'horizontale 2, le point H de ce plan

Fig. 5o.

se rabat en un point que nous désignerons par h' et tel que $ah' = aH_1$. Mais, à la suite de ce déplacement, la perpendiculaire MH est devenue verticale, et le point M a sa nouvelle projection m' confondue avec h'.

Quant aux cotes, celle de h' est égale à la cote 2 de la charnière. Celle de m' diffère de la cote de h' d'une longueur égale à M_1H_1 ; dans l'épure, $M_1H_1 = 2,6$ et s'ajoute à la cote de h', le point m' a donc pour cote 4,6.

Problème inverse. — Si de la deuxième position du point M on veut revenir à la première, on fera les mêmes constructions dans un autre ordre. On construira aB_1 par le rabattement du plan vertical xy ; de h' on passera à H_1 ; on élèvera à aB_1 la perpendiculaire H_1M_1 égale à 2,6 (différence entre les cotes de m' et h'), et dans un sens convenable (suivant que la cote de m' est supérieure ou inférieure à celle de h') ; enfin on relèvera M_1 en $m(6)$.

Exercices.

1. Par un point donné, mener une perpendiculaire à un plan vertical donné.

2. Par un point donné, mener un plan perpendiculaire à une horizontale donnée.

3. Par un point donné, mener une perpendiculaire à une horizontale donnée.

4. Reconnaître si deux plans sont perpendiculaires.

5. Reconnaître si deux droites sont orthogonales.

6. Par une droite donnée mener un plan perpendiculaire à un plan donné.

7. On fait tourner un point d'un angle donné autour d'un axe vertical. Trouver la nouvelle projection du point.

8. Faire tourner un point autour d'un axe vertical, jusqu'à ce qu'il vienne se placer sur un plan donné.

9. On fait tourner une droite d'un angle donné autour d'un axe vertical. Construire la nouvelle projection de la droite.

10. Faire tourner une droite autour d'un axe vertical, passant par un de ses points, jusqu'à ce qu'elle soit parallèle à un plan donné.

11. Faire tourner un point autour d'une horizontale jusqu'à ce qu'il vienne dans un plan donné.

12. Faire tourner un plan autour d'une de ses horizontales jusqu'à ce qu'il passe par un point donné.

13. Faire tourner un point autour d'un axe quelconque, jusqu'à ce qu'il vienne dans un plan donné ; trouver l'angle de rotation et la nouvelle position du point.

14. Sur une droite donnée, trouver un point qui soit à une distance donnée d'un plan donné.

15. Construire la distance d'une horizontale donnée et d'une droite donnée quelconque.

16. Construire la distance de deux droites dont les projections sont parallèles.

17. Par un point donné, faire passer une droite de pente donnée, et qui soit à une distance donnée d'une verticale donnée.

18. Trouver dans un plan donné un point à égale distance de trois points donnés.

19. Construire un trièdre trirectangle, connaissant une arête et la projection d'une autre.

20. Construire un trièdre trirectangle, connaissant les projections des arêtes et la trace de l'une d'elles (St Cyr).

21. Construire un trièdre trirectangle, connaissant les traces des arêtes sur le plan de comparaison.

CHAPITRE VII

PROBLÈMES RELATIFS AUX ANGLES

Angle de deux droites.

69. Ce problème a été résolu au n° 38 comme application de la méthode des rabattements.

Angle d'une droite et d'un plan.

70. Problème. — *Construire l'angle d'une droite AB avec un plan P.*

Ce Problème se ramène au précédent, puisque on aura à cher-

Fig. 51.

cher l'angle aigu α que la droite fait avec sa projection A'B' sur le plan P (fig. 51).

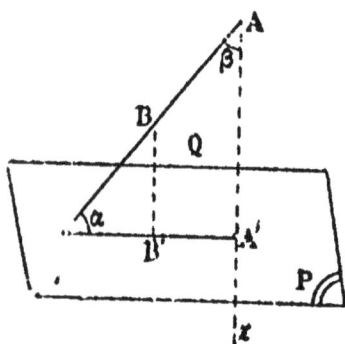

La projection A'B' est, d'ailleurs, l'intersection du plan P avec un plan Q passant par AB et perpendiculaire au plan P ; ce plan Q étant défini par la droite AB et par la perpendiculaire Az au plan P.

On peut abréger un peu en construisant l'angle aigu β que fait AB avec Az normale au plan P (on s'évite ainsi de chercher l'intersection des plans P et Q) : l'angle cherché α est le complément de β.

71. *Angle d'une droite avec un plan horizontal.* — Ce cas simple, mais très important, a été traité dès le début (n° 9).

Angles de deux plans.

72. On pourrait, pour obtenir les angles de deux plans, construire les angles formés par des normales à ces plans : chacun de ces derniers angles serait égal à l'angle rectiligne de l'un des dièdres formés par les deux plans.

On peut aussi, comme nous allons le faire, construire directement l'angle rectiligne d'un dièdre donné.

73. PROBLÈME. — *Construire l'angle rectiligne de l'un des dièdres formés par deux plans donnés.*

Soient P et Q les deux plans donnés, qui se coupent suivant AB (fig. 52). Nous nous proposons de construire le rectiligne du dièdre formé par ces plans et dont les faces sont ABM et ABN.

1° Par un point quelconque S de l'arête, nous menons un plan auxiliaire perpendiculaire à cette arête. La ligne de plus grande pente de ce plan qui passe par le point S est contenue dans le plan vertical *ab*, et est perpendiculaire à la droite AB. On a construit cette ligne en rabattant autour de l'horizontale 2 le plan vertical *ab* : la droite AB se rabat en aB_1 : le point S en S_1, sur aB_1 : et la ligne de plus grande pente est alors, en rabattement, S_1h perpendiculaire à aB_1, elle est ainsi déterminée.

2° On construira alors les intersections du plan auxiliaire avec les plans P et Q. Chacune de ces intersections passe déjà par le point S : il suffit de chercher, sur chacune d'elles, un deuxième point. Nous emploierons, par exemple, dans le plan auxiliaire, l'horizontale de cote 2, qui passe par h ; cette horizontale rencontre en *m* et *n* les horizontales de même cote des plans P et Q. Le plan auxiliaire coupe donc les plans P et Q suivant SM et SN.

L'angle rectiligne du dièdre considéré est ainsi l'angle MSN.

3° Il reste à déterminer la grandeur de l'angle MSN. Pour cela, nous pouvons rabattre le plan de l'angle autour de l'horizontale MN. Le point S, dont la distance au point H a été déjà

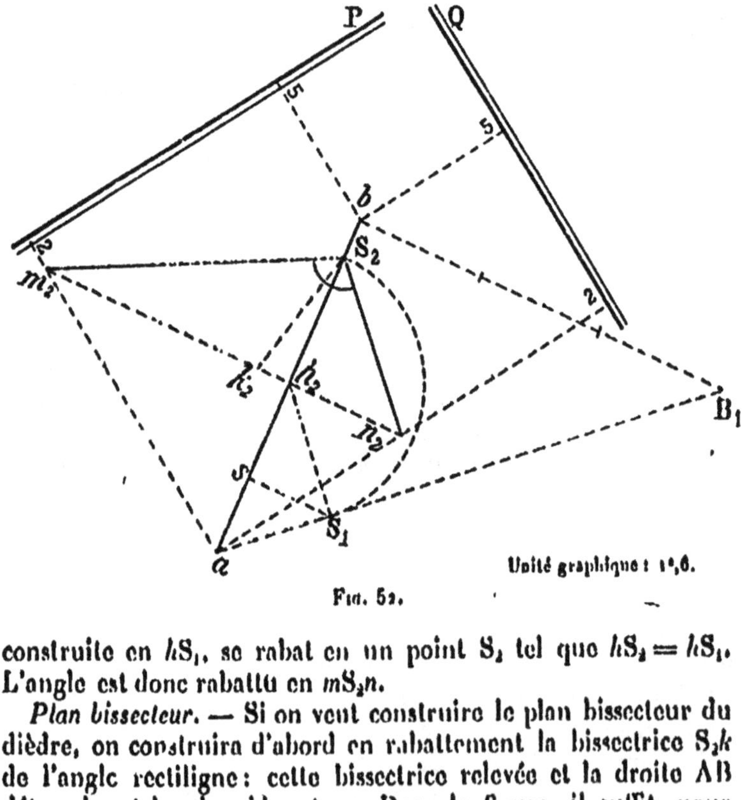

Unité graphique : 1ᵐ,6.

Fig. 52.

construite en hS_1, se rabat en un point S_2 tel que $hS_2 = hS_1$. L'angle est donc rabattu en mS_2n.

Plan bissecteur. — Si on veut construire le plan bissecteur du dièdre, on construira d'abord en rabattement la bissectrice S_2k de l'angle rectiligne : cette bissectrice relevée et la droite AB déterminent le plan bissecteur. Dans la figure, il suffit, pour déterminer ce plan, de retenir le point k (2) de la bissectrice.

74. APPLICATION. — *Par une droite* AB *d'un plan* P, *faire passer un plan* Q *qui fasse avec le plan* P *un angle donné.*

La résolution de ce problème est contenue dans la construction précédente. Connaissant le plan P et la droite AB, on peut construire ab_1 ; puis S_2, et enfin S_4m. On tracera alors S_2n, telle que l'angle mS_2n soit égal au rectiligne du dièdre donné : le point $n\,(2)$ où l'horizontale $m\,(2)\,h\,(2)$ rencontre le côté S_2n de l'angle, est un point du plan cherché Q. Ce point N et la droite AB déterminent le plan Q.

Le problème admet une solution, si on a indiqué comment doivent être placées les faces du dièdre ; deux solutions, dans le cas contraire.

Angle d'un plan avec un plan horizontal.

75. Le problème de la construction de l'angle d'un plan donné avec un plan horizontal rentre dans le cas général de la détermination des angles formés par deux plans quelconques.

Néanmoins, vu l'importance de ce problème, on le traitera directement.

Soit P le plan donné (fig. 53) ; et soit à construire le rectiligne α du dièdre aigu que fait ce plan avec le plan de comparaison. Cet angle α n'est autre que l'angle d'une ligne de plus grande pente AB avec sa projection horizontale. On construira, en baB_1, cet angle α, en rabattant autour de sa trace le plan vertical xy qui contient AB (n° 9).

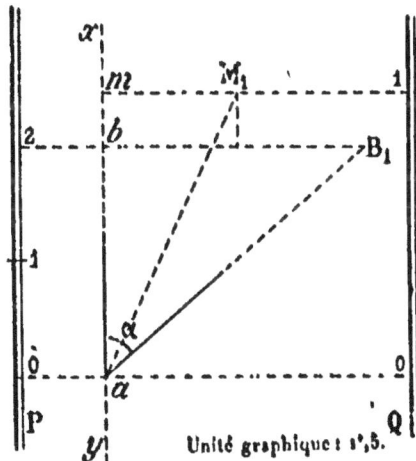

Unité graphique : $1^r,5$.

Fig. 53.

Plan bissecteur. — Soit à construire le plan bissecteur du dièdre précédent. On aura une ligne de plus grande pente de ce plan bissecteur en construisant la bissectrice aM_1 de l'angle baB_1, et en relevant cette bissectrice. On pourra ainsi tracer l'échelle de pente Q du plan bissecteur.

Exercices

1. Construire l'angle de deux droites dont les projections sont parallèles.

2. Par un point donné tracer une droite qui rencontre une droite donnée et qui fasse avec celle ci un angle donné.

3. On donne une horizontale AB et la projection d'une droite quelconque CD, cotée en un point C. Coter un 2ᵉ point D de la droite CD, connaissant l'angle de AB avec CD.

4. On donne une droite quelconque. Par un point de cette droite, tracer une horizontale qui fasse avec la droite un angle donné.

5. Mener par un point donné une droite qui rencontre une droite donnée et qui fasse des angles égaux avec deux autres droites données.

6. Construire l'angle d'un plan vertical avec un plan quelconque.

7. Par une droite donnée faire passer un plan qui fasse avec le plan horizontal un angle donné.

8. Construire le lieu des points à égale distance de trois plans donnés.

CHAPITRE VIII

REPRÉSENTATION DES POLYÈDRES
SECTIONS PLANES
OMBRES.

Conventions relatives au tracé des lignes dans les épures.

78. Le tracé des lignes d'une épure, conformément à des conventions déterminées, constitue la *ponctuation* de l'épure.

On distingue deux séries de lignes: 1° celles qui servent à figurer le corps qu'on demande de représenter; 2° les lignes de construction.

I. — Les lignes servant à figurer le corps à représenter se divisent en deux catégories: celles qui sont les projections de lignes *vues*, et celles qui sont les projections de lignes *cachées*.

Les lignes vues sont figurées par un *trait noir plein* (—).

Les lignes cachées, par des points ronds fins (.....) ou *ponctué*.

Voici maintenant les conventions faites pour distinguer les parties vues et les parties cachées :

D'abord, l'observateur est supposé placé au-dessus du plan de comparaison, et le plan de comparaison est regardé comme opaque: il en résulte que les points situés au-dessus de ce plan peuvent seuls être vus. Cela posé, l'observateur est censé regarder la figure en s'éloignant au-dessus du plan de comparaison, perpendiculairement à ce plan, et à une distance assez grande pour que les rayons visuels tendent vers des rayons verticaux et par suite parallèles.

Alors, un point sera dit vu en projection horizontale, si le rayon visuel correspondant à ce point ne traverse pas le corps représenté, c'est-à-dire si, dans l'espace, le point est précisément vu par l'observateur. Le point est dit caché dans le cas contraire (il est entendu que la surface ou le solide représenté est opaque).

II. — Les lignes de construction sont indiquées : ou bien en *pointillé*, c'est-à-dire en petits traits noirs discontinus (– – – –) ; ou bien en traits pleins *rouges* continus. Chacun de ces traits est, d'ailleurs, plus fin que le trait plein noir.

Pour les constructions, on ne fait aucune distinction entre les parties vues et les parties cachées.

Les lignes de construction plus importantes peuvent être tracées en trait mixte (– · – · – –), consistant en petits traits séparés par des points. C'est le trait qui convient pour indiquer certaines parties du corps qu'on ne demande pas de représenter.

Une ligne de construction ne sera pas conservée si elle est confondue avec une ligne qui fait partie du corps à représenter.

Enfin, si, dans le corps représenté, une ligne vue et une ligne cachée coïncident, on ne conserve que la ligne vue.

Représentation des polyèdres.

77. Un polyèdre sera représenté, si on représente les faces qui le limitent ; ces faces étant elles-mêmes représentées par les côtés qui en forment le contour.

Contour apparent. — Considérons, en projection horizontale, les arêtes ou portions d'arêtes formant une ligne polygonale telle que tout point de la surface du polyèdre se projette à l'intérieur de cette ligne. Le contour polygonal ainsi formé est dit *le contour apparent* du polyèdre sur le plan horizontal.

Les arêtes projetées suivant les côtés de ce contour forment, dans l'espace, une ligne polygonale plane ou gauche qui constitue, par définition, *le contour apparent dans l'espace.*

L'observateur, s'éloignant à l'infini dans la direction de la verticale, verrait le polyèdre suivant le contour précédent : d'où le nom de contour apparent. Les rayons visuels correspondant aux points du contour forment une surface prismatique qui renferme le polyèdre : La trace de cette surface prismatique sur le plan de projection est précisément le contour apparent sur le plan horizontal.

Ponctuation. — Le polyèdre étant supposé plein et opaque, on aura à marquer les lignes vues et les lignes cachées.

Il est évident que les arêtes formant le contour apparent sont vues.

Si le polyèdre est convexe, une arête est tout entière vue, ou tout entière cachée ; car le plan vertical qui la projette coupe le polyèdre suivant un polygone convexe, dont chaque côté est tout entier vu ou tout entier caché. Par suite, toutes les arêtes issues d'un sommet caché seront cachées.

Si deux points, pris sur deux arêtes différentes, ont la même projection, l'un de ces points est caché par l'autre. De même, si deux faces ou portions de faces ont la même projection, l'une de ces faces est forcément cachée.

Toute construction de polyèdre avec des éléments donnés constitue un problème à résoudre. Nous allons traiter quelques exemples relatifs au prisme et à la pyramide.

78. Problème. — *Construire un tétraèdre régulier SABC, reposant par la face ABC sur le plan de comparaison* (fig. 54).

Supposons donnée la longueur de l'arête, égale à 4 centimètres.

On construira d'abord le triangle équilatéral *abc* dans le plan de comparaison. Le 4ᵉ sommet S se projette en *s*, centre du triangle *abc*. Pour obtenir la cote de S, on rabattra le plan vertical *as* par exemple autour de sa trace : le point S se rabat sur une perpendiculaire menée par *s* à *sa* et en un point S₁ tel que l'arête

4.

rabattue aS_1 soit égale à 4 centimètres. S_1 étant ainsi déterminé, la longueur sS_1 représentera la cote de S; on trouve $3^{cm},3$.

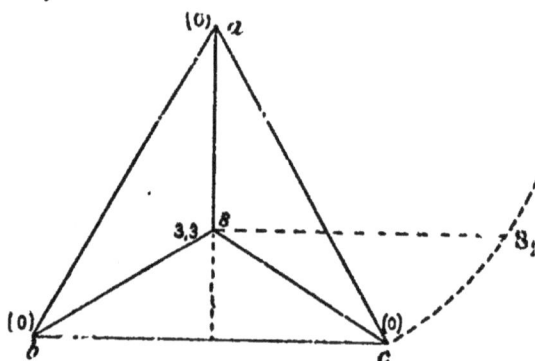

Fig. 54.   Échelle : 1/100

Toutes les arêtes du tétraèdre seront alors représentées. Ces arêtes sont toutes vues.

Le contour apparent est abc.

79. Problème. — *Une pyramide régulière SABC repose par sa base ABC sur un plan incliné de 60° sur le plan horizontal. Le côté BC est horizontal, et est donné en position et en grandeur (BC = 4). L'arête latérale est égale à 5. Construire la pyramide (fig. 55).*

Soit BC l'arête donnée, supposée dans le plan de comparaison. Le plan BCA étant rabattu autour de bc sur le plan horizontal, on aura le rabattement A_1 du point A en construisant le triangle équilatéral bcA_1; on sait, d'ailleurs, que A_1 est sur la projection de la ligne de plus grande pente am, perpendiculaire au milieu de bc.

Cette ligne de plus grande pente a une inclinaison de 60°; et, par suite, si on rabat autour de sa trace le plan vertical am, le nouveau rabattement mA_2 de mA fera avec ma un angle de 60°. De plus, $mA_2 = mA_1$; le point A_2 est donc déterminé. De A_2 on déduit la projection a du point A et sa cote 3.

Il reste à déterminer le 4ᵉ sommet S. Ce sommet, à égale distance de b et de c,
est dans le plan ver-
tical am perpendicu-
laire au milieu de
bc. Imaginons la po-
sition S_2 que vient
prendre S lorsqu'on
rabat ce plan vertical
autour de sa trace. S_2
est d'abord sur une
perpendiculaire à mA_2
en un point H_2 situé
au tiers de la mé-
diane mA_2 à partir de
m. Ensuite A_2S_2 est
égale à 5, longueur de
l'arête latérale. Ces
conditions détermi-
nent S_2, qu'on relè-
vera en s (2,7).

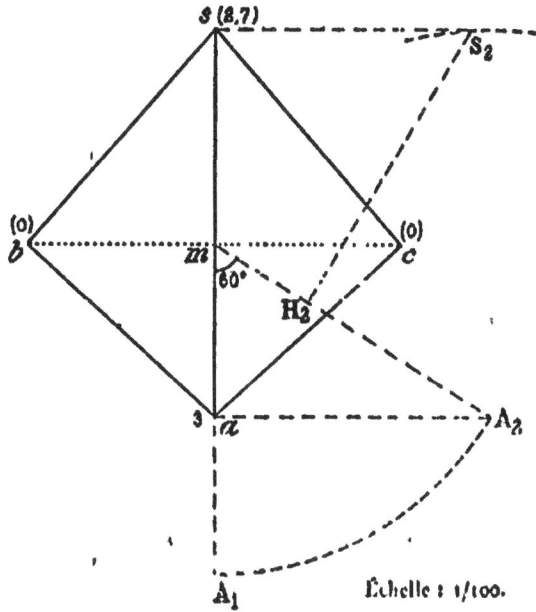

On peut alors tracer toutes les arêtes. L'arête bc est cachée ; les
autres sont vues.

Le contour apparent est $sabc$.

80. PROBLÈME. — *Un prisme a pour base un rectangle ABCD*
situé dans le plan de comparaison (ab = 3,3 ; bc = 2,2). L'arête
latérale AX est orthogonale à la diagonale AC, et fait avec AB un
angle de 120°. Construire le prisme, supposé indéfini au-dessus du
plan de comparaison (fig. 56).

Le rectangle ABCD étant construit, la projection ax de AX
sera perpendiculaire à ac, puisque AX est orthogonale à l'horizontale ac.

D'autre part, l'angle BAX doit être égal à 120°. Soit baX_1 le
rabattement de cet angle autour de ab. Connaissant le rabatte-

ment et la projection de AX, on pourra relever cette droite, qui sera ainsi déterminée.

Dans la figure, on a relevé le point M, ce qui a fourni sa projection *m* et sa cote mM_2. L'arête est déterminée par les deux points A et M. Si on veut la graduer, on cherchera, par exemple, sur la ligne de plus grande pente *rm* du plan ABX un point *n* dont la cote nN_2 soit égale à 1.

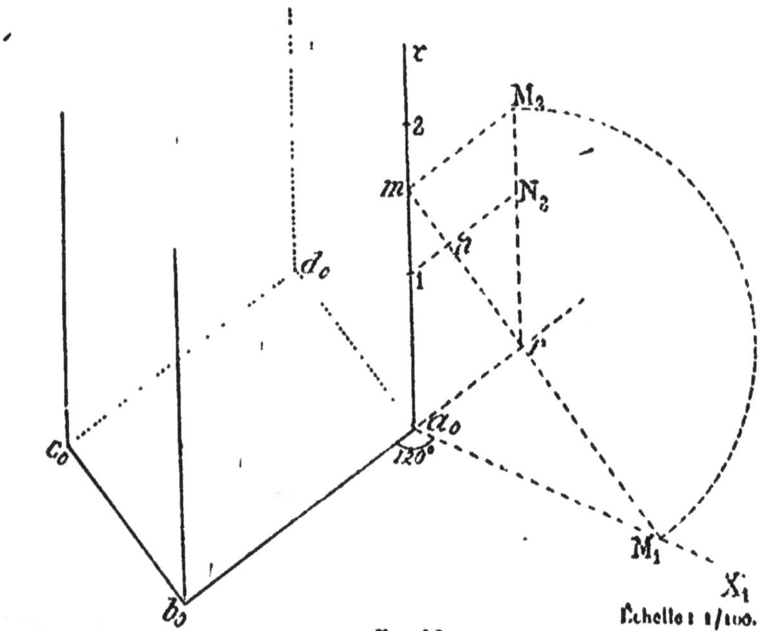

Fig. 56.

Échelle : 1/100.

Ponctuation. — On voit immédiatement que les trois arêtes issues du sommet *d* sont cachées ; toutes les autres sont vues.

Le contour apparent est formé par *ab, bc,* et par les arêtes latérales issues des sommets *a* et *c*.

84. PROBLÈME. — *Dans un tétraèdre ABCD, on donne l'arête AB de pente* 1, *les cotes des points* A *et* B *étant* 0 *et* 5. *Le plan*

ABD a pour pente $\frac{5}{3}$; l'arête AD est sur la trace de ce plan ; BD a pour longueur 7 (les sommets A et D du triangle ABD étant de part et d'autre de la hauteur issue de B).

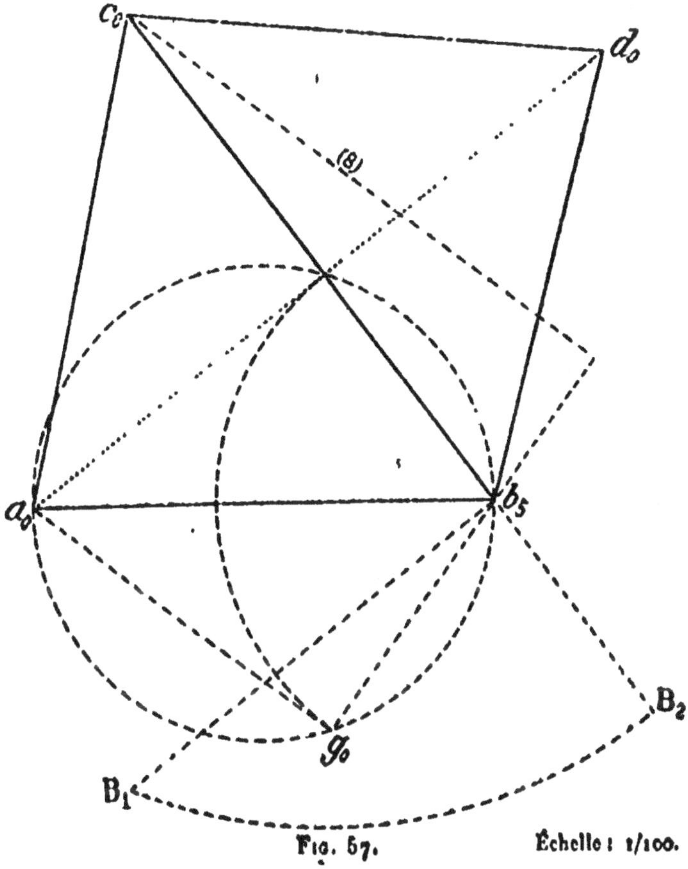

Fig. 57.   Échelle : 1/100.

Le plan ABC a aussi pour pente 5/3 ; l'arête BC est orthogonale à AD, et le sommet C a pour cote 8.

Construire le tétraèdre.

Construisons d'abord les deux plans de pente $\frac{5}{3}$ qui passent par AB : le premier a pour trace ad, le second ag (fig. 57).

Pour obtenir d dans le premier plan, rabattons ce plan autour de sa trace : le point B étant rabattu en B_1, on n'aura qu'à prendre d tel que $dB_1 = 7$.

Il reste à déterminer le sommet C dans le deuxième plan. On peut d'abord tracer la droite indéfinie BC de ce plan ; car sa projection est orthogonale à ad, puisque BC est orthogonale à l'horizontale AD. On n'aura plus qu'à marquer sur cette droite du plan ABC un point C de cote 8. Les quatre sommets du tétraèdre sont ainsi obtenus.

L'arête AD est cachée, les autres sont vues.

Le contour apparent est *abdc*.

82. PROBLÈME. — *Construire un cube dont une diagonale est verticale et de longueur donnée.*

Soit ABCD, EFGH un cube dont la diagonale AG est verticale

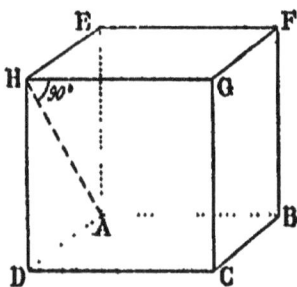

Fig. 58.

et a pour longueur 6 (fig. 58). Supposons le sommet inférieur A situé sur le plan de comparaison.

Les projections des arêtes issues de A, par raison de symétrie, sont égales entres elles, et font deux à deux des angles de 120°. De même pour les arêtes issues de G. De plus, les arêtes issues de A sont respectivement égales et parallèles aux arêtes issues de G, et de sens contraire : il en est alors de même des projections. Il résulte de là que les projections des extrémités de ces six arêtes sont les sommets d'un hexagone régulier dont a est le centre et dont le rayon restera à déterminer.

Cherchons maintenant les cotes de ces sommets. Les extrémités des arêtes issues de A ont la même cote. De même les extrémités des arêtes issues de G. Alors si nous suivons le contour ABCG, l'accroissement de cote de B en C, qui est le même que de A en D (les droites BC et AD étant égales, parallèles, de mêmes sens), sera aussi le même que de A en B ; l'accroissement de cote de

C en G, le même que de A en E, sera aussi le même que de A
en B. Par suite, les extrémités du contour ayant pour cotes o
et 6, les points B et C ont pour cotes 2 et 4. Donc enfin les extré-

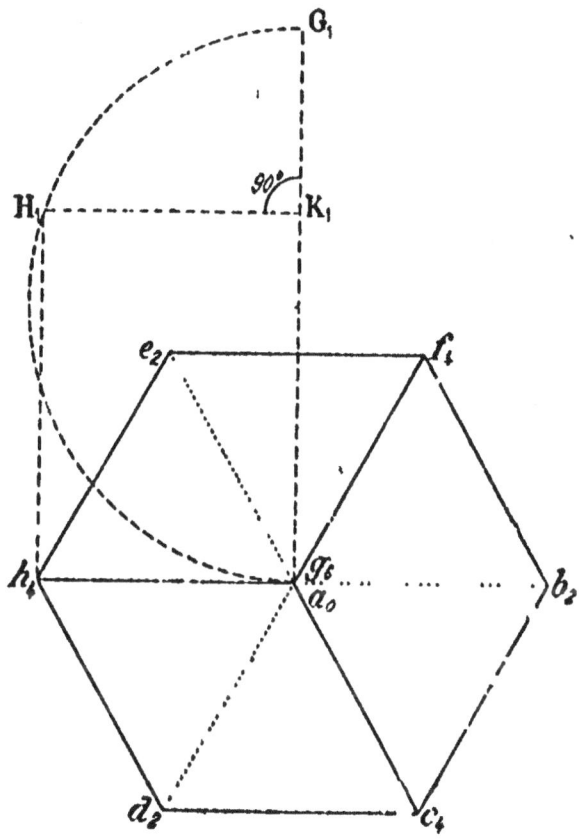

Fio. 59.   Échelle 1/100.

mités des arêtes issues de A ont pour cote 2 : les extrémités des
arêtes issues de G ont pour cote 4.

Il ne reste plus qu'à trouver la longueur de la projection d'une
des arêtes précédentes (fig. 59). Si nous rabattons autour de sa
trace le plan vertical AGH, nous pouvons construire le rabat-

tement du point H : en effet, le point G se rabattant en G_1 à la distance 6, le point H se rabat à la distance 4, et sur la circonférence ayant pour diamètre aG_1 (l'angle AHG étant droit). Ce point H_1 est donc déterminé, et par suite h.

Ponctuation. — Les arêtes issues de A sont cachées ; les autres sont vues. Le contour apparent est *bcdhef*.

Section plane d'un polyèdre.

83. La section faite par un plan dans un polyèdre est un polygone dont les sommets sont sur les arêtes du polyèdre, et les côtés sur les faces du polyèdre.

On pourra ou bien construire les côtés de ce polygone en cherchant les intersections du plan sécant avec les plans des faces ; ou bien déterminer les sommets du polygone, en cherchant les points où les arêtes percent le plan sécant. Il est clair qu'on pourra aussi combiner ces deux sortes de constructions. Mais, en général, le plus simple sera de chercher les côtés de la section.

Nous allons donner quelques exemples.

84. PROBLÈME. — *Soit le prisme figuré au n° 80. Construire la section droite de ce prisme, en un point* E *de l'arête* AX *qui a pour cote* 2 *(fig. 60).*

Pour obtenir l'échelle de plus grande pente du plan sécant, rabattons le plan vertical ax autour de sa trace : l'arête AE étant rabattue en aE_1, la ligne de plus grande pente est rabattue suivant P_1 perpendiculaire à aE_1 ; on aura immédiatement les horizontales o et 2 du plan P.

L'intersection du plan P avec le plan DAX s'obtient en joignant le point e au point i où se coupent les horizontales o des deux plans ; on a ainsi le côté e (2) h (1,2) de la section.

Le point G où l'arête CG perce le plan P s'obtient au moyen du plan CAX, dont CG est la ligne de plus grande pente, et qui coupe le plan P suivant l'horizontale 2.

En achevant le parallélogramme dont *e*, *h*, *g* sont trois sommets, on aura la section demandée EFGH.

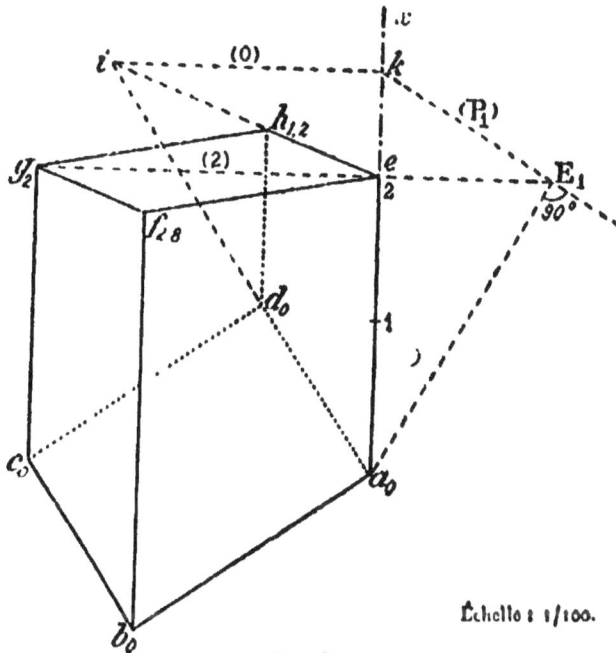

Échelle : 1/100.

Fig. 60.

On a représenté le *tronc de prisme* compris entre la base et la section droite.

85. Problème. — *Soit la pyramide figurée au n° 81. Couper cette pyramide par un plan P, perpendiculaire à l'arête AB, et passant par le point h_3 situé sur la verticale de A (fig. 61).*

La droite AB ayant pour pente 1, le plan P a aussi pour pente 1.

On a d'abord construit l'intersection *mn* du plan P avec la face ACD, au moyen des horizontales o et 5.

Du point M, on passe à la face voisine ABD. Le point K où

Bannıolle : *Géométrie descriptive.* 5

se coupent les horizontales 5 des plans ABD et P est un 2ᵉ point de leur intersection: en joignant *km*, on aura le côté *mq* de la section, qui est dans la face *abd*.

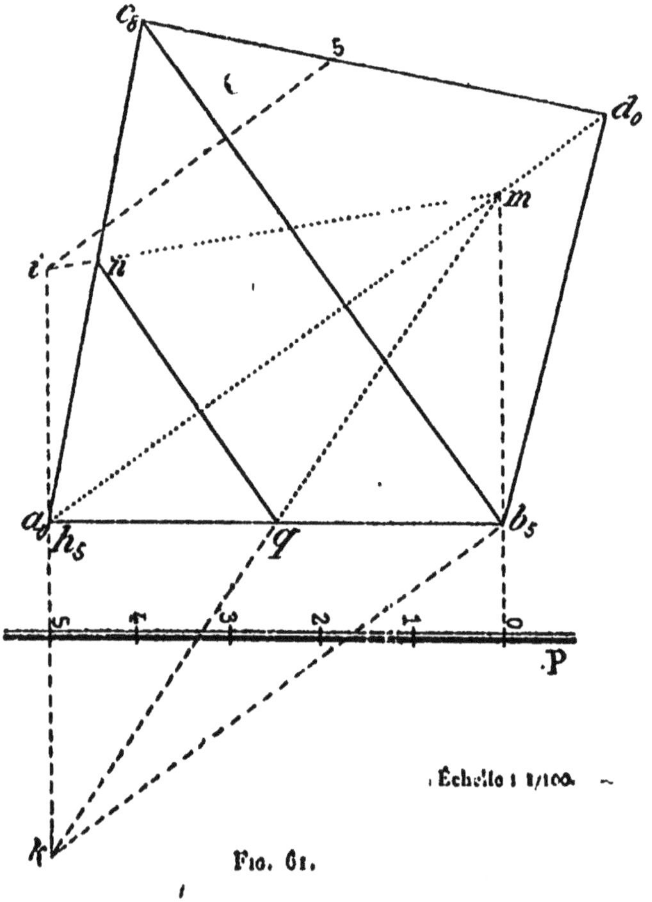

Fig. 61.

Échelle : 1/100.

Les points *n* et *q* étant sur la même face, il n'y a qu'à les joindre pour achever la section.

La section est donc le triangle *mnq*.

Dans la figure 62, on a représenté la portion du solide comprise entre la face DCB et la section MNQ : c'est un *tronc de pyra-mide* à bases non parallèles ; les bases sont précisément DCB et MNQ.

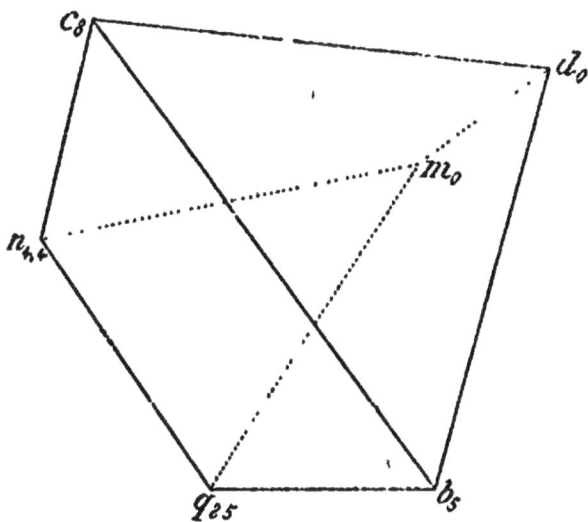

Fig. 62.

Les trois arêtes partant de M sont cachées.

Intersection d'une droite et de la surface d'un polyèdre.

86. Pour déterminer les points où une droite Δ traverse la surface d'un polyèdre, il suffira de couper le polyèdre par un plan contenant Δ, et de prendre les points communs à Δ et au polygone d'intersection ainsi obtenu.

Le plan auxiliaire mené par Δ peut, en principe, être quel-conque. Le plus commode, dans le cas général, sera le plan ver-tical qui projette Δ. Dans le cas du prisme ou de la pyramide, on choisit, comme nous allons le voir, des plans particuliers.

87. Problème. — *Construire les points communs à une droite Δ
et à la surface d'un prisme.*

Le plan auxiliaire qui convient le mieux est un plan passant
par Δ et parallèle à l'arête du prisme; car ce plan coupant les
faces suivant des parallèles à l'arête, son intersection avec le
prisme s'obtiendra facilement.

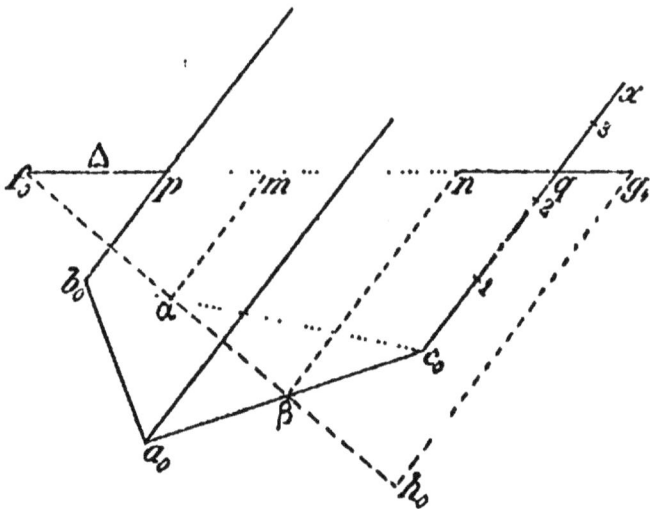

Fig. 63.

Soit (fig. 63) le prisme qui a pour base le triangle *abc*, situé
dans le plan de comparaison, et pour arête *cx*.

Par un point G de Δ, menons GH parallèle à l'arête: GH et Δ
déterminent un plan. Ce plan coupe le plan de base suivant *fh*,
qui rencontre en α et β les côtés de la base: par suite le plan
coupe les faces latérales suivant des parallèles à l'arête menées
par α et par β. Les points *m* et *n* où ces dernières droites coupent
Δ sont les points cherchés.

Ponctuation. — Le prisme étant supposé opaque, le segment
mn de Δ est caché, puisqu'il est contenu dans le prisme. Le segment *mp*, quoique extérieur au prisme, est aussi caché; car ce
segment, sortant du prisme par une face cachée, est situé au-
dessous du prisme.

REMARQUE. — Si le prisme n'est pas convexe, il peut y avoir plus de deux points d'intersection.

D'autre part, quand le prisme, au lieu d'être indéfini, est limité par une ou deux bases, que ces bases soient parallèles ou non, des points d'intersection peuvent être sur ces bases.

88. PROBLÈME — *Construire les points communs à une droite Δ et à la surface d'une pyramide.*

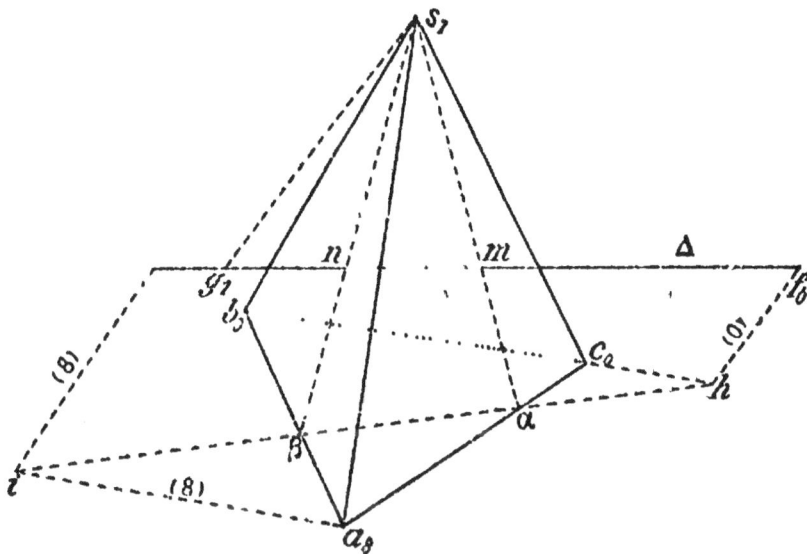

Fig. 64.

Le plan auxiliaire qui convient le mieux est un plan passant par Δ et par le sommet de là pyramide. Car ce plan coupant les faces suivant des droites qui passent par le sommet, son intersection avec la pyramide s'obtiendra facilement.

Soient (fig. 64) la pyramide SABC, et la droite Δ définie par les deux points F et G. Le plan passant par S et par Δ coupe le plan de base ABC suivant hi, et la surface latérale de la pyramide suivant les droites projetées en $s\alpha$ et $s\beta$. Les points m et n

où ces dernières droites rencontrent Δ sont les points où Δ traverse la pyramide.

Ponctuation. — Le segment *mn* de Δ est caché, si la pyramide
est opaque ; car ce segment est intérieur à la pyramide. Les points
m et *n* étant sur des faces vues, la droite Δ est tout entière vue
à l'extérieur de la pyramide.

Même remarque que pour le prisme.

Questions d'ombres.

89. Soit F un point lumineux, et P un polyèdre convexe,
opaque, sur lequel arrivent les rayons émanant de la source F.
Une partie seulement de la surface de P sera éclairée : c'est celle
où les rayons arrivent sans avoir à traverser l'espace occupé par
le polyèdre. Cette portion de surface est précisément celle qu'un
observateur verrait du point F. Le reste de la surface est dans
l'ombre : c'est ce qu'on appelle *l'ombre propre* du polyèdre.

On donne le nom de *séparatrice* à la ligne de séparation de la
lumière et de l'ombre. La séparatrice est le contour suivant
lequel un observateur regardant du point F verrait la surface :
ce serait le contour apparent du polyèdre par rapport au point F .

En se bornant au cas des polyèdres convexes, on remarquera
que chaque face est tout entière éclairée ou tout entière dans
l'ombre, suivant que F et P sont de part et d'autre du plan de
la face, ou bien du même côté de ce plan. Il en résulte que la
séparatrice est une ligne polygonale dont les côtés sont les arêtes
de P communes à des faces éclairées et à des faces dans l'ombre.

Tout rayon qui tombe en un point de la séparatrice n'a pas
d'autre point commun avec le polyèdre, et ne fait qu'effleurer la
surface. Mais tous les rayons qui tombent à l'intérieur de la
séparatrice sont interceptés. Si donc on considère une pyramide
ayant pour sommet F et pour arêtes les rayons qui passent par
les sommets de la séparatrice, la région de l'espace comprise dans
l'intérieur de la pyramide, au delà du polyèdre, sera le lieu des

points privés de lumière. Si une surface quelconque rencontre la pyramide, la portion de cette surface comprise dans la région précédente se trouve dans l'ombre : c'est ce qu'on appelle *l'ombre portée* sur cette surface.

90. *Ombre au flambeau, ombre au soleil.* — Ce qui vient d'être dit se rapporte au cas de *rayons divergents*, c'est-à-dire au cas où les rayons émanent d'un foyer F à distance finie : l'ombre, dans ce cas (pour une raison évidente), est dite *l'ombre au flambeau.*

On peut aussi considérer le cas de *rayons parallèles* à une direction donnée Δ. Ce dernier cas peut être regardé comme la limite du précédent, si on suppose que le foyer F s'éloigne à l'infini sur une parallèle à Δ. La pyramide d'ombre devient un *prisme d'ombre*; et l'ombre est dite *ombre au soleil* (terme qui s'explique de lui-même).

En topographie, dans l'hypothèse de la lumière oblique, on considère des rayons parallèles dont la direction irait du sommet supérieur à gauche vers le sommet opposé, l'inclinaison sur le plan horizontal étant de 45°.

Dans les épures, les ombres sont indiquées soit par des hachures, soit par une teinte plate à l'encre de Chine. Mais on ne marque les ombres que sur les faces vues.

Applications.

91. PROBLÈME. — *Soit le tétraèdre* ABCD. *Construire l'ombre propre de ce tétraèdre, et l'ombre portée par le solide sur le plan de comparaison ; les rayons lumineux étant parallèles à la direction* Δ (fig. 65).

Les rayons lumineux qui passent par les sommets du tétraèdre ont pour traces *g*, *h*, *c*, *d*. Le prisme d'ombre a pour base sur le plan de comparaison le triangle *dgh* (les arêtes du prisme étant parallèles à Δ).

1º *Ombre propre.* — Le sommet C se trouve dans le prisme d'ombre ; les trois faces du tétraèdre qui concourent en C sont dans l'ombre. La face ABD est seule éclairée. La séparatrice est le contour ABD.

Parmi les faces qui sont dans l'ombre, la face ABC, étant seule vue, sera seule teintée.

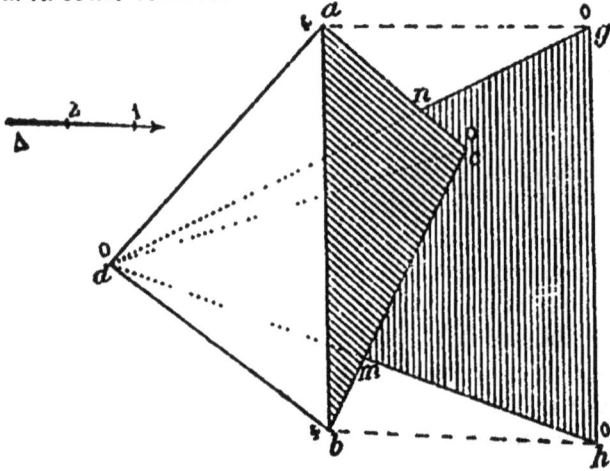

Fig. 65.

2º *Ombre portée sur le plan horizontal.* — Cette ombre est limi-tée par le contour du triangle *dgh*, intersection du prisme d'ombre avec le plan de comparaison.

On ne teintera que la partie vue de cette ombre, c'est-à-dire la partie *mhgncm*, extérieure au contour apparent du tétraèdre.

Les lignes *dm* et *dn* limitant l'ombre non vue sont, en général, tracées en ponctué.

92. PROBLÈME. — *Soient le prisme ABCDEF et P un point lumineux. Construire l'ombre propre du prisme, et l'ombre portée sur le plan de comparaison* (fig. 66).

Les rayons lumineux qui passent par les sommets du solide ont pour traces *a, b, c, g, h, k*. La pyramide d'ombre, de sommet P, a alors pour base sur le plan de comparaison le polygone *abkhg*.

1° *Ombre propre.* — Le sommet G se trouve dans la pyramide d'ombre : les faces qui concourent en G sont dans l'ombre. Chacune des deux autres faces, dont le plan laisse de part et d'autre le polyèdre et le point P, est éclairée.

La séparatrice est le contour *abefda*.

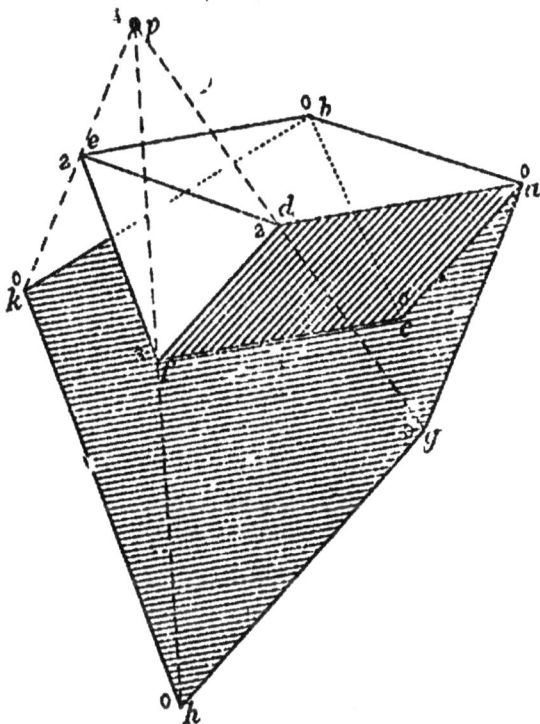

Fig. 66.

La face *adfe* sera seule teintée, parce que, parmi les faces qui se trouvent dans l'ombre, elle est seule vue.

2° *Ombre portée.* — Le plan de comparaison coupe la pyramide d'ombre suivant le polygone *abkhga* : c'est l'ombre portée sur ce plan. On ne teintera que la partie extérieure au contour apparent du prisme.

5.

93. REMARQUE. — Le problème des ombres est posé quelque-
fois de la manière suivante:

L'œil d'un observateur étant en un point donné F, déterminer la partie de la surface d'un polyèdre P qui sera visible ou
cachée pour cet observateur; déterminer la partie d'un plan ou
de la surface d'un polyèdre P' qui lui sera cachée par le polyèdre P.

Même énoncé si l'observateur s'éloignait à l'infini dans une
direction donnée.

Exercices.

1. Construire un tétraèdre, connaissant les longueurs des arêtes. —
Cas où la base est horizontale? Cas où la base est dans un plan quelconque?

2. Construire un prisme droit de hauteur donnée, la base étant un
triangle équilatéral dont on donne deux sommets dans un plan donné.

3. La base ABC d'un tétraèdre SABC est sur un plan donné. Le côté
BC est horizontal; on donne le sommet B et les longueurs des trois côtés
du triangle ABC. On connaît le dièdre BC. L'arête SA est orthogonale
à BC et a une longueur donnée. Construire le tétraèdre.

4. Construire un cube reposant par sa base sur un plan donné; étant
donnés deux sommets de cette base.

5. Représenter un cube dont deux diagonales sont horizontales.

6. Construire un cube ayant son centre en un point donné et une de
ses arêtes sur une droite donnée.

7. Construire un tétraèdre régulier, connaissant un côté (supposé horizontal), et la cote d'un sommet extérieur à ce côté.

8. On donne la base ABC d'un tétraèdre SABC, située dans un plan
horizontal, les dièdres AB et BC, et la hauteur. Construire le tétraèdre.
Généraliser en supposant le plan ABC quelconque.

9. Un parallélépipède repose par une base sur le plan de comparaison.
Construire ce solide, connaissant une arête latérale en grandeur et en
position; sachant que les plans des faces latérales ont une même pente

donnée, et que le. plans des faces latérales opposées ont une distance
donnée.

10. TAS DE SABLE OU DE CAILLOUX. — Leur forme est celle d'un tronc
de prisme dont la section droite est un trapèze isocèle (ponton). On
peut encore dire que ces polyèdres sont limités : 1° par deux rectangles

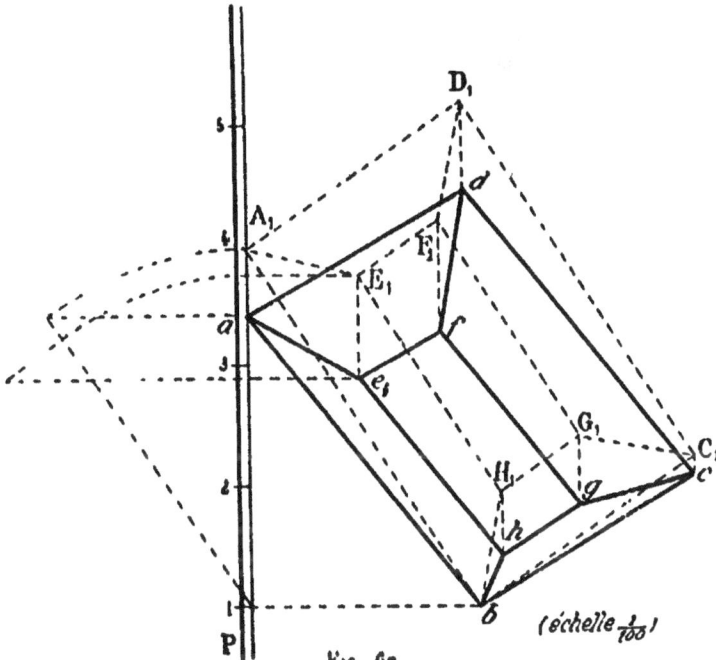

Fig. 67.

inégaux, ayant leurs côtés respectivement parallèles, et appelés bases ; 2°
par des trapèzes isocèles qui réunissent les côtés parallèles correspondants
des deux bases. Le polyèdre repose sur le sol par sa grande base,

Si le sol est horizontal, le polyèdre sera très facilement représenté avec
les éléments qui pourront être donnés. Nous allons faire la construction
dans le cas où le terrain est un plan incliné quelconque, et avec les données suivantes (fig. 67).

On donne trois sommets A, B, C de la grande base, reposant sur un plan

P *de pente* $\frac{2}{3}$, *La distance des deux bases est égale à* 1. *Les plans des tra-*

pèzes latéraux sont inclinés à 45°.

On rabat le plan P sur le plan horizontal de cote 1 ; et on construit, en rabattement, la grande base $A_1 b_1 C_1 D_1$. Par les horizontales contenant les côtés de ce rectangle, on imagine les plans des faces latérales de pente 1 ; les intersections de ces quatre plans entre eux et avec le plan horizontal 2 fournissent les sommets de la base supérieure $E_1 F_1 G_1 H_1$.

Il n'y a plus qu'à relever le plan P, en regardant les points E,F,G,H comme invariablement liés à ce plan (n° 68). On aura le polyèdre demandé *abcd, efgh.*

11. PLATE-FORME AVEC RAMPE. — *Une plate-forme horizontale rectan-gulaire* ABCD *a pour cote* 4 (fig. 68). *Elle est établie partie en déblai, partie en remblai. La surface du terrain sur lequel elle repose est formée de deux surfaces planes :* 1° *un plan incliné* P, *indéfini au-dessus de l'hori-zontale* 2 ; 2° *un plan horizontal s'étendant à partir de cette horizonta'e* 2. *Les talus de déblai ont pour pente* 2, *et les talus de remblai ont pour pente* 1.

Une rampe de longueur 6 *(en projection), de pente* $\frac{1}{3}$, *conduit du sol hori-*

zontal à la plate-forme : cette rampe est soutenue par des talus de pente 1. *Représenter l'ensemble du solide.*

Les talus de déblai partent des horizontales *ab, be, ag.* Il n'y a qu'à chercher les intersections des plans successifs des talus, et les intersections de ces plans avec le plan P : on obtient ainsi les polygones *abjh, bje,* et *agh* qui limitent ces talus.

Les talus de remblai partent des horizontales *cd, ce, dg.* Le premier coupe le sol horizontal suivant *ks* et les talus voisins suivant *ck* et *ds.* Le deuxième coupe le plan P suivant *ei* et le sol horizontal suivant *ik.* Le troisième coupe le plan P suivant *gr* et le sol horizontal suivant *rs.*

Le talus qui soutient la rampe, à droite, étant incliné à 45°, on fait d'abord passer par le côté *mp* de la rampe un plan de pente 1 ; ce plan coupe le sol horizontal et le talus *cdks* suivant les droites *lm* et *pl.* On limite le nouveau talus à ces droites ; et alors le talus précédent *cdks* ne comprendra, à droite, que la partie *cplk.* Même construction à gauche de la rampe.

Nous avons placé les horizontales de la plate-forme parallèlement aux horizontales du plan P, de façon à avoir une figure symétrique. Mais il n'y avrait pas plus de difficulté, si la plate-formo était placée d'une

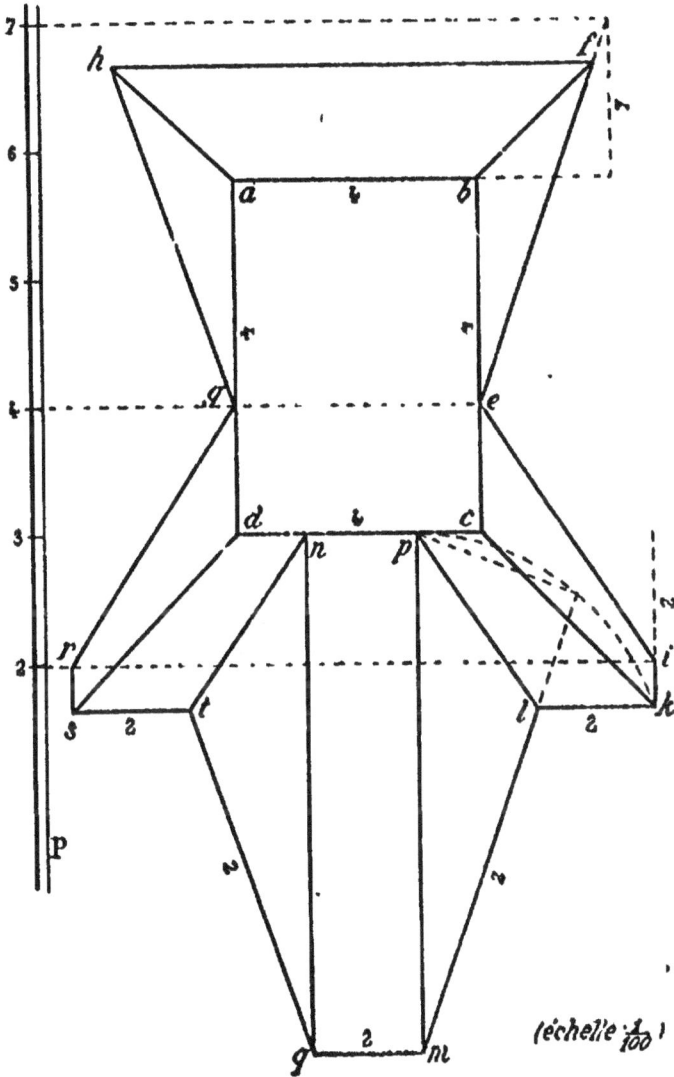

Fig. 68.

(échelle : $\frac{1}{100}$)

manière quelconque.

Sujets d'épure.

1. Un tétraèdre SABC repose, par sa base ABC, sur le plan de comparaison. On donne AB = 79 millimètres ; AC = 131 millimètres ; BC = 68 millimètres.

L'arête AS est dans un plan vertical faisant un angle de 45° avec le plan vertical *ac* (et du même côté que le plan vertical *ab*); cette arête a pour pente $\frac{1}{2}$ et pour longueur 166 millimètres.

1° Construire le tétraèdre.

2° Construire la section faite par un plan parallèle à SC, et contenant le milieu de la hauteur et le centre de gravité.

2. Les points A, C et S se projettent sur le petit axe de la feuille, en *a, c, s*. On donne, de gauche à droite : *ac* = 16 centimètres, *as* = 22^{cm},5 (le centre de la feuille étant au milieu de *as*). Les points A et C ont pour cote 0, le point S a pour cote 15 centimètres.

Par SA passent deux plans de pente $\frac{5}{4}$; par SC, deux plans de pente $\frac{5}{2}$.

Ces 4 plans et le plan de comparaison forment une pyramide quadrangulaire. On coupe le solide par un plan perpendiculaire à SA et passant par le centre de gravité.

Représenter le tronc compris entre le plan sécant et le plan de comparaison.

3. Dans une pyramide SABC, on donne :

AC = 12 centimètres, dans le plan de comparaison ;

BC = 14^{cm},2, dans un plan vertical incliné de 52° sur le plan vertical *ac* ;

La cote de B égale à 7^{cm},5 ;

SC = 12^{cm},8, dans un plan vertical perpendiculaire au plan vertical *bc*.

SA est dans un plan vertical parallèle au plan vertical *bc*.

Construire la pyramide ; et former la section faite par un plan perpendiculaire au milieu de BC.

4. Un prisme a pour base un triangle ABC rectangle en A. Le sommet

A a pour cote 10 centimètres. Le côté AC est horizontal, de longueur 10 centimètres, et incliné de 30° sur le petit axe de la feuille. AB = 7 centimètres. CB est dans un plan vertical parallèle au petit axe de la feuille.

L'arête latérale BE a pour longueur 18 centimètres; sa trace E est à 8 centimètres du plan vertical *bc*, du même côté que *a*.

Construire le prisme entre le plan ABC et le plan de comparaison.
Construire la section droite du prisme.

5. Un tétraèdre ABCD repose par l'arête BC sur le plan de comparaison; l'arête DA est horizontale; l'angle BAC se projette suivant un angle droit. On donne : AB = BC = 10 centimètres; AC = 9; DA = 13; DB = 11. Construire le tétraèdre.

6. Un tétraèdre SABC repose par sa base ABC sur le plan de comparaison. Le trièdre S est trirectangle. L'arête SA a pour pente 1 et pour longueur 10 centimètres. L'arête SB a pour longueur 15. Par SB on mène un plan P faisant un angle de 30° avec le plan SAB et coupant le tétraèdre.

Représenter la portion du tétraèdre située au-dessus du plan P.

7. Un tétraèdre SABC repose par sa base ABC sur le plan de comparaison. Le trièdre S est trirectangle. Le plan SAB a pour pente 1;

l'arête SA a pour pente $\frac{1}{2}$ et pour longueur 10 centimètres.

Par la droite qui joint le milieu de SB au milieu de AC, on mène un plan faisant avec SB un angle de 30° (on choisira celui dont la trace est du côté de C). Construire la section de la pyramide par ce plan.

8. Un prisme indéfini a pour base un triangle isocèle ABC situé dans le plan de comparaison. La base BC du triangle est égale à 7 centimètres; sa hauteur AD = 11^(ci),2.

L'arête latérale du prisme est orthogonale à BC et inclinée de 40° sur le plan horizontal (les cotes croissant dans le sens *ad*). Sur l'arête latérale issue de A, on prend un point M de cote 3 centimètres.

Construire par M la section droite du prisme (projection et grandeur).

Représenter le tronc de prisme compris entre cette section droite et la base ABC.

9. Sur le petit axe de la feuille, on donne *as* = 20 centimètres, dont le milieu se trouve au centre de la feuille (*a* à gauche de *s*). Une droite

AS se projette en *as* ; la cote du point A est 8 centimètres ; celle de S, 12 centimètres. Par AS passent deux plans de pente $\frac{4}{3}$.

Sur les traces de ces plans et vers la gauche, on prend les points B et C tels que SB et SC aient pour pente 1. On a ainsi construit le tétraèdre SABC.

Soit M le point de SA qui a pour cote $9^{cm},5$. Par M on mène un plan perpendiculaire à SC et un plan perpendiculaire à AC ; et on considère les dièdres formés par ces deux plans et qui contiennent la verticale du point M.

Représenter le tétraèdre supposé plein, en supprimant la partie comprise dans les dièdres précédents.

10. Un triangle équilatéral ABC a un côté de 6 centimètres, et est situé sur le plan de comparaison. Ce triangle est la base d'un prisme dont l'arête latérale AD a pour longueur 9 centimètres, et est inclinée de 45° sur AC et sur AB, les cotes croissant dans le sens AD et du côté de BC.

Par D on construit la section droite DEF. Puis on prend $BM = \frac{2}{3} BE$; $AN = \frac{1}{2} AC$.

Construire le tronc de prisme compris entre ABC et DEF. Si on suppose que des rayons lumineux aient pour direction MN, construire l'ombre propre du tronc et l'ombre portée sur le plan de comparaison.

11. Soient xx' et yy' les axes de la feuille. Dans le plan de comparaison est une droite Δ parallèle à yy' et à une distance de yy' égale à 4 centimètres (à gauche). Par Δ passent un plan P de pente 2 et un plan Q de pente 1, les cotes des deux plans croissant de gauche à droite.

Dans le plan P est un triangle équilatéral ABC, de 10 centimètres de côté ; les sommets B et C ont pour cote 4 centimètres ; le sommet A, le plus élevé, se projette sur xx'. Ce triangle est la base d'une pyramide régulière dont le sommet S a pour cote 10 centimètres.

Soit G un point lumineux de cote 14 centimètres, dont la projection a pour coordonnées : $-7^{cm},5$ et $+2^{cm},5$.

Représenter la pyramide, avec l'ombre portée par le solide sur le plan Q.

12. Soient xx' et yy' les axes de la feuille. Dans le plan de comparaison est une droite Δ parallèle à yy' et à une distance de 2 centimètres (à gauche). Par Δ passent un plan P de pente 2 et un plan Q de pente 1, les cotes des deux plans croissant de gauche à droite.

Dans le plan P est un triangle isocèle ABC, dont la base BC est horizontale, de cote 4 centimètres, de longueur 10 centimètres ; le sommet A
se projette sur *x c'* et a pour cote 12 centimètres. Ce triangle est la base
d'une pyramide dont le sommet S a pour cote 16 centimètres, et dont
l'arête SA est orthogonale au plan P.

Soit G un point lumineux, de cote 20 centimètres, et dont la projection *g* a pour coordonnées : — 6 centimètres, et + 2^{cm},7.

Représenter la pyramide, avec l'ombre propre et l'ombre portée sur le
plan Q.

13. Dans un tronc de pyramide régulière à base hexagonale, le côté de
la grande base est égal à 5 centimètres, chaque arête latérale est égale
à 6^{cm},5 ; les angles que font les arêtes latérales avec les côtés adjacents
de la grande base valent chacun 80°.

1° Construire la projection du tronc, reposant par sa grande base sur
le plan horizontal.

2° Ce tronc étant supposé réduit à sa surface, et la base supérieure
étant enlevée, on déterminera les parties visibles de la surface intérieure
du tronc, en supposant l'œil placé à une hauteur de 7^{cm},1 au-dessus du
plan horizontal, sur la verticale menée par l'un des sommets de la grande
base

14. S^t·Cyr (1903) AB est une droite parallèle au bord de droite de
la feuille et à 12 centimètres de ce bord ; B est le point de rencontre avec
le bord inférieur ; la longueur AB = 12 centimètres.

Cette droite est l'arête d'un dièdre de 60° situé au-dessus du plan de
comparaison, dont une face repose sur ce plan et contient le bord de
droite. Sur l'autre face se trouve un carré, dont le côté égale 7 centimètres : A est un de ses sommets, et un côté AB fait avec AB un angle
de 30°. Ce carré est la base d'un parallélépipède rectangle P extérieur au
dièdre, l'arête latérale étant égale à 14 centimètres.

Par M, centre de la face latérale passant par AB, on mène, dans le plan
vertical parallèle à AB, une droite Δ faisant un angle de 60° avec le plan
de comparaison, et dont les cotes croissent à partir de M vers le haut de
la feuille.

Par Δ on mène deux plans de pente 2,7, et l'on enlève de P, supposé
plein, la partie située à l'intérieur des dièdres formés par ces plans où se
trouve la verticale de M.

Représenter le parallélépipède ainsi entaillé.

15. *St-Cyr* (1906). — SECTION PLANE D'UN SOLIDE CONSTITUÉ PAR UN CUBE ÉVIDÉ PAR UN OCTAÈDRE RÉGULIER.

Cube. — Le côté du cube est de 15^{cm}; le centre est le point ω (o, o, 10^{cm}); un sommet B est sur la partie positive Oy de l'axe des y; le plan vertical passant par ωB est un plan de symétrie, et la face passant par B qui est perpendiculaire à ce plan de symétrie est supposée située au-dessous du centre ω.

Octaèdre. — Il a pour sommets les centres des faces du cube.

Plan sécant. — Il est déterminé par les points A (8^{cm}, o, o), B, C (o, o, 11^{cm}).

Représenter la portion du cube extérieure à l'octaèdre et située au-dessous du plan sécant.

NOTA. — L'origine O des coordonnées est le centre de la feuille; l'axe Ox est la parallèle aux petits côtés de la feuille menée vers la droite; l'axe Oy, la parallèle aux grands côtés menée vers le bas de la feuille; l'axe Oz est la perpendiculaire à la feuille menée au dessus de cette feuille.

16. *St-Cyr* (1910). — On considère un cube ABCDx$\beta\gamma\delta$. A a pour coordonnées : $X = 1^{cm}$; $Y = -o^{cm},5$; $Z = 25^{cm}$. B a pour coordonnées : $X = -6^{cm}$; $Y = 4^{cm},5$; $Z = 19^{cm}$. L'extrémité C de l'arête BC du cube est dans le plan $Z = 12^{cm}$. Il y a deux positions possibles du point C remplissant ces conditions; on prendra celle pour laquelle l'ordonnée Y de C a la plus grande valeur. L'arête Cγ du cube, qui est perpendiculaire à la face ABCD, est tout entière au-dessus du plan $Z = 12^{cm}$.

Chaque face de ce cube est surmontée d'une pyramide régulière dont la base est la face considérée du cube, et dont la hauteur est égale à l'arête du cube.

Le cube et ces six pyramides constituent un solide qu'on demande de représenter.

LIVRE II

GÉOMÉTRIE DESCRIPTIVE

A DEUX PLANS DE PROJECTION

CHAPITRE I

PRÉLIMINAIRES

Principe de la méthode. — Représentation d'un point.

94. En géométrie cotée, on représentait un point A en donnant sa projection a sur un plan horizontal H, et la valeur de sa cote aA.

Dans la méthode basée sur l'emploi de deux plans de projection, on supprime la seconde donnée (valeur de la cote), et on donne, au lieu de cette cote, la projection du point A sur un deuxième plan.

Soient H et V deux plans de projection (fig. 69). Un point A pourra, en effet, être représenté par ses projections a et a_1 sur ces deux plans, puisqu'il sera à l'intersection des deux projetantes aA et a_1A.

En principe les plans H et V peuvent être des plans sécants quelconques. Mais en général H et V sont choisis perpendiculaires entre eux ; et de plus, le premier est ordinairement horizontal, et par suite le deuxième vertical : c'est ce que nous supposerons dans tout ce qui va suivre

95. CONDITION POUR QUE a **ET** a_1 **REPRÉSENTENT UN POINT** A.

Les projections a et a_1 d'un point A n'ont pas, l'une par rapport à l'autre, une position quelconque.

En effet, puisque les projetantes Aa et Aa_1 sont issues d'un même point A, elles déterminent un plan P qui est perpendiculaire à H et à V et par suite perpendiculaire à l'intersection xy

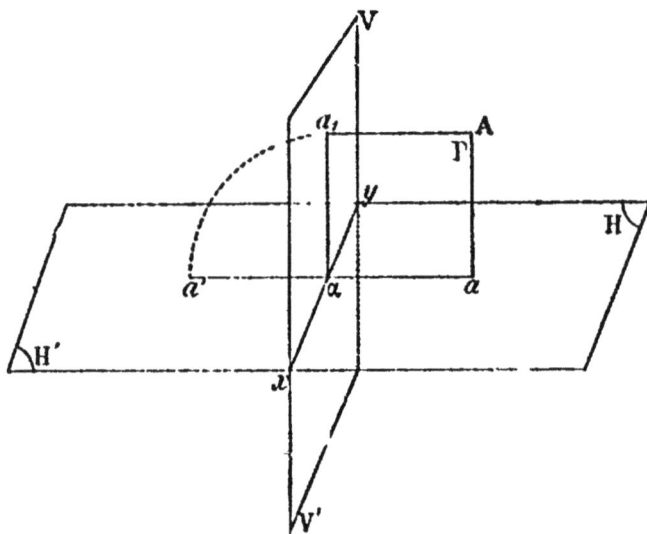

Fig. 69.

de H et de V. Ce plan P coupe donc H et V suivant des droites αa et αa_1 perpendiculaires à xy en un même point α. D'où ce premier résultat : pour que a et a_1 représentent un point A, *il faut que a et a_1 se projettent au même point α sur xy.*

Or cette condition est *suffisante*. En effet, si les perpendiculaires menées à xy par a et a_1 rencontrent xy au même point α, ces deux lignes $a\alpha$ et $a_1\alpha$ déterminent un plan P perpendiculaire à xy. Ce plan P contient la projetante menée par a normalement à H, et la projetante menée par a_1 normalement à V : ces deux projetantes, étant dans un même plan, ont un point commun A dont a et a_1 sont précisément les projections.

En résumé, pour que les points *a* et *a₁*, donnés, l'un dans le plan II, l'autre dans le plan V, soient les projections d'un point A de l'espace, il faut et il suffit que *a* et *a₁* se projettent sur *xy* en un même point α.

96. Épure. — Pour représenter A au moyen d'une figure plane, on rabat le plan V sur le plan II par une rotation autour de *xy* : la projection verticale *a₁* vient en un point *a′* de II. Or si α*a₁* est perpendiculaire à *xy*, il en sera de même de α*a′*, et réciproquement.

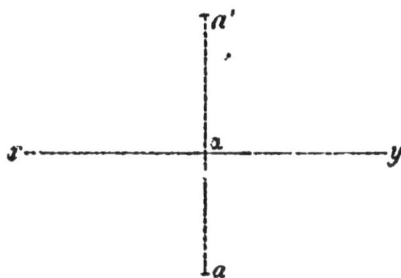

Fig. 70.

Donc si *a* et *a′* représentent un point A, la ligne *aa′* est perpendiculaire à *xy*, et réciproquement.

La figure formée par *a*, *a′* et *xy* constitue l'*épure* du point A (fig. 70).

La droite *xy* est la *ligne de terre*.

La droite *aa′* qui réunit les deux projections est une *ligne de rappel*.

Pour désigner le point A, on écrit : (*a*, *a′*).

Pour repasser de l'épure à la figure de l'espace, on imaginera que, le plan V étant ramené dans sa position primitive, le point *a′* est ramené en *a₁*.

97. Cote et éloignement. — 1° La *cote* désigne, comme en géométrie cotée, la distance *a*A du plan II au point A. Dans le quadrilatère *a*A*a₁*α, qui est évidemment un rectangle (fig. 69), *a*A = α*a₁* ; mais α*a₁* = α*a′*. Donc, dans l'épure, la cote est figurée par α*a′* (fig. 70).

La cote est regardée comme positive ou négative, suivant que le point A est au-dessus ou au-dessous de II. Dans l'épure, le signe de la cote sera indiqué au moyen des conventions suivantes :

On désignera d'abord par H la partie du plan horizontal située en deçà de xy, et par H' la partie de ce plan située au delà de xy. On désignera par V la partie du plan vertical située au-dessus du plan horizontal, et par V' la partie du plan vertical située au-dessous du plan horizontal. On conviendra ensuite de rabattre le plan vertical de telle sorte que V coïncide avec H', et V' avec H.

Il est alors facile de voir que dans l'épure, a' sera au delà ou en deçà de xy suivant que la cote de A sera positive ou négative.

2° *L'éloignement* du point A est défini la distance du plan V à ce point A.

Cet éloignement est mesuré par a_1A dans l'espace (fig. 69), et par αa dans l'épure (fig. 70).

L'éloignement est positif ou négatif suivant que le point A est dans la région de l'espace qui contient le demi-plan H ou dans celle qui contient le demi-plan H' ; autrement dit suivant que le point A est en avant ou en arrière du plan vertical, l'observateur étant supposé placé sur le demi-plan H.

Dans l'épure, la projection a est en deçà ou au delà de xy suivant que l'éloignement est positif ou négatif.

Positions principales d'un point.

98. Les deux plans de projection forment 4 dièdres, savoir (fig. 69) :

1er dièdre formé par les demi-plans H et V.

2°	—	—	V et H'
3°	—	—	H' et V'
4°	—	—	V' et H.

La cote est positive dans le 1er et le 2e dièdre, négative dans les deux autres.

L'éloignement est positif dans le 1er et le 4e dièdre, négatif dans les deux autres.

D'après cela il sera facile de savoir comment seront placées les projections a et a' suivant le dièdre qui contient le point A, et réciproquement. La figure 71 indique l'épure du point A dans chacun des quatre dièdres.

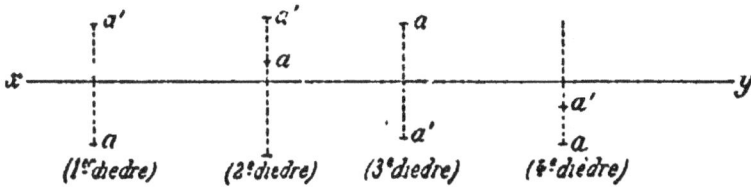

(1ᵉʳ dièdre)   (2ᵉ dièdre)   (3ᵉ dièdre)   (4ᵉ dièdre)

Fig. 71.

99. Il est évident qu'un point du plan H, ayant une cote nulle, se projette verticalement sur xy, et réciproquement.

De même un point du plan V, ayant un éloignement nul, se projette horizontalement sur xy, et réciproquement.

Emploi de divers plans verticaux de projection.

100. Dans la résolution d'une question, au lieu de s'astreindre

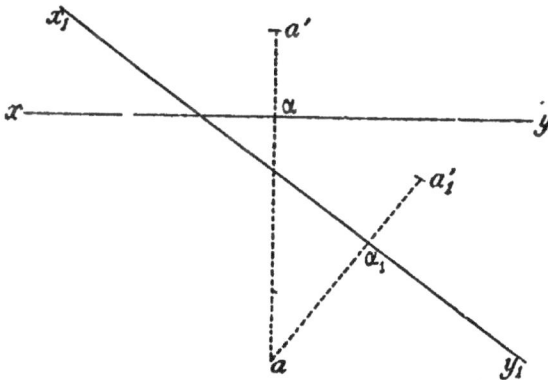

Fig. 72.

à employer toujours le même plan vertical de projection, il est souvent utile d'employer des plans verticaux particuliers qui

permettront de simplifier les constructions, ou de mettre en évi-
dence certaines parties de la figure.

Il est facile de passer d'un plan vertical à un autre.

Soit (a, a') un point représenté avec un plan vertical mené
suivant xy (fig. 72). Si on veut représenter ce point en prenant
un plan vertical mené par x_1y_1, comme la projection horizontale
reste invariable, il suffira de déterminer la nouvelle projection
verticale a'_1. Or a'_1 est sur une perpendiculaire à x_1y_1 menée par
a, et à une distance de x_1y_1 égale à la cote (en grandeur et en
signe), cote qui est donnée en $\alpha a'$.

Emploi de plans verticaux de projection en géométrie cotée.

101. Lorsqu'une figure est représentée en géométrie cotée,
on peut avoir avantage, pour certaines constructions, à
projeter tout ou partie de la figure sur un plan vertical
auxiliaire.

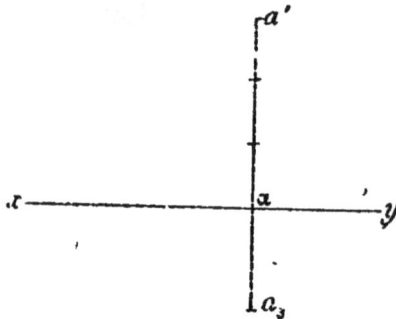

Fig. 73.

Il est facile de représenter sur ce plan vertical un
point quelconque. Soit (fig.
73) a_3 un point dont la projection horizontale est a, et
qui a pour cote 3. On veut
obtenir sa projection a' sur
un plan vertical qui coupe
le plan de comparaison suivant xy. Cette projection a' sera sur
une perpendiculaire à xy menée par a, et à une distance de xy
égale à la cote 3 ($\alpha a' = 3$).

Inversement, il est clair que de la projection verticale on
déduirait la cote du point.

On pourra employer ainsi autant de plans verticaux qu'il sera
nécessaire.

Suppression de la ligne de terre dans les épures.

102. Dans une épure, on ne changera les figures ni en projection horizontale ni en projection verticale, si on augmente ou si on diminue d'une même longueur soit les cotes, soit les éloignements de tous les points, soit à la fois toutes les cotes et tous les éloignements.

C'est ce qu'on peut encore exprimer ainsi : la connaissance des cotes relatives ou des éloignements relatifs, c'est-à-dire les différences entre les cotes ou entre les éloignements des divers points, est seule essentielle ; la connaissance des valeurs absolues des cotes ou des éloignements n'est pas indispensable pour tracer les projections des figures.

Faire varier de mêmes longueurs toutes les cotes ou tous les éloignements, revient à supposer que les plans de projection se déplacent parallèlement à eux-mêmes, soit séparément, soit ensemble. Mais alors xy se déplace aussi parallèlement à elle-même. Si on veut laisser indéterminés les cotes et les éloignements en ne tenant compte que de leurs valeurs relatives, on laissera indéterminée la ligne de terre, sa direction étant seule indiquée. On supprimera alors xy, car sa direction est donnée par celle des lignes de rappel.

Nous faisons cette suppression dans un certain nombre de dessins ; mais seulement à partir du chapitre V, afin qu'on ait au préalable le temps d'acquérir l'habitude des figures.

CHAPITRE II

LA DROITE

Représentation de la droite.

103. On sait que la projection d'une droite Δ sur chacun des plans H et V est une droite. Les plans projetants sont perpendiculaires à H et à V.

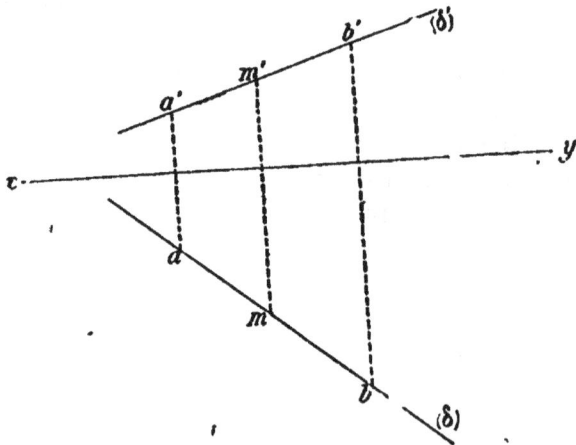

Fig. 74.

Une droite Δ est toujours déterminée par deux de ses points A et B dont on donne les projections (fig. 74).

En joignant *ab*, on aura évidemment la projection horizontale (δ) de la droite; *a'b'* sera sa projection verticale (δ').

104. En général, la droite Δ est déterminée par ses deux projections indéfinies δ et δ'. Car, on peut choisir deux points A et B dont les projections horizontales soient sur δ et les projections verticales sur δ' : ces points A et B déterminent une droite dont les projections sont δ et δ'.

Il y a exception lorsque les projections δ et δ' sont perpendiculaires à *xy*. En effet, *a* et *b* étant choisies, les projections verticales correspondantes *a'* et *b'* sont indéterminées : il y a une infinité de droites ayant les projections données.

Ces droites sont dans un plan perpendiculaire à *xy*, et qu'on appelle plan de *profil*; et les droites sont dites de *profil*.

Une droite de profil n'est donc pas déterminée par ses projections indéfinies : on doit se donner les projections de deux de ses points A et B (fig. 75).

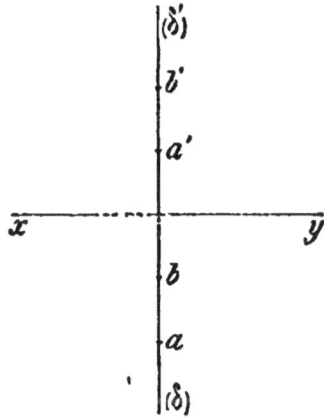

Fig. 75.

REMARQUE. — Si les projections δ et δ' sont perpendiculaires à *xy* sans être sur le prolongement l'une de l'autre elles ne sauraient représenter une droite : car un point de l'espace qui se projetterait horizontalement sur δ ne se projetterait pas verticalement sur δ'; il n'y a donc pas de droite de l'espace ayant pour projections δ et δ'.

Il en serait de même si une seule projection était perpendiculaire à *xy*.

105. Pour qu'un point M soit un point de la droite Δ, il faut que ses projections *m* et *m'* soient sur les projections δ et δ' de la droite; et cette condition suffit, sauf dans le cas où δ et δ' sont perpendiculaires à *xy*.

Droites remarquables.

106. I. — *Droite horizontale,. c'est-à-dire parallèlé au plan* H (fig. 76).

Pour qu'une droite soit horizontale, *il faut et il suffit* que tous ses points aient même cote, c'est-à-dire que la projection verticale de la droite soit parallèle à *xy.*

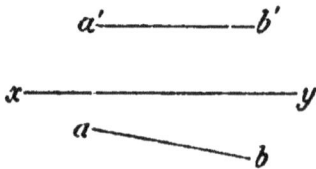 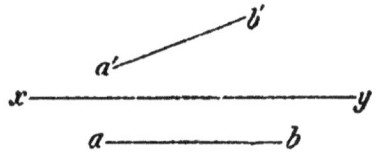

Fig. 76.   Fig. 77.

De même pour qu'une droite soit *de front, c'est-à-dire parallèle au plan* **V**, il faut et il suffit (fig. 77) que tous ses points aient même éloignement, c'est-à-dire que la projection horizontale de la droite soit parallèle à *xy.*

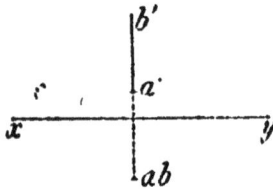 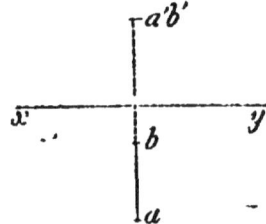

Fig. 78.   Fig. 79.

Une droite parallèle à *xy* sera à la fois horizontale et de front : ses deux projections seront parallèles à *xy*, et réciproquement.

II. — Pour qu'une droite soit *verticale c'est-à-dire perpendiculaire au plan* **H**, il faut et il suffit (fig. 78) que sa projection horizontale se réduise à un point et que sa projection verticale soit perpendiculaire à *xy.*

De même, pour qu'une droite soit *perpendiculaire au plan* V,
il faut et il suffit (fig. 79) que sa projection verticale se réduise
à un point, et que sa projection horizontale soit perpendiculaire
à *xy* (Une droite perpendiculaire au plan V est dite droite *debout*).

Toutes ces propositions sont évidentes.

PROBLÈMES SUR LA DROITE

Changement du plan vertical de projection.

107. Lorsque l'on remplace le plan vertical de projection par un
autre plan vertical, on obtient *la nouvelle projection d'une droite*
en déterminant celles de deux points de cette droite (n° 100).

L'application la plus intéressante de ce problème est le changement de plan vertical de projection qui a pour objet *de rendre*
une droite de front : il n'y a, pour obtenir ce résultat, qu'à choisir
le nouveau plan vertical tel que la nouvelle ligne de terre soit
parallèle à la projection horizontale de la droite (n° 106).

Traces d'une droite.

108. Les *traces* d'une droite sont les points où elle perce les
plans de projection. Le point
où elle perce le plan horizontal est la *trace horizontale* ; le
point où elle perce le plan vertical est la *trace verticale*.

1° La trace horizontale de
la droite (δ, δ') est un point
de cote nulle. Ce point est à
lui-même sa projection hori-
zontale ; et sa projection verticale est sur *xy* (fig. 80).

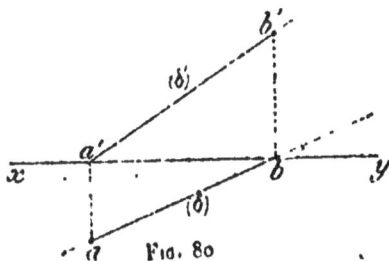

6.

La trace est donc le point a de la projection horizontale
correspondant au point a' de la projection verticale qui est
sur xy.

2° De même, la trace verticale est un point d'éloignement
nul. Ce point est à lui-même sa projection verticale ; et sa projection horizontale est sur xy. La trace est donc le point b' de la
projection verticale correspondant au point b de la projection
horizontale qui est sur xy.

REMARQUE. — Une horizontale n'a pas de trace horizontale :
une droite de front n'a pas de trace verticale.

109. CAS PARTICULIER OÙ LA DROITE EST DE PROFIL. — La construction ci-dessus est en
défaut ; car le point a correspondant à a' est indéter-
miné, ainsi que le point b'
correspondant à b.

On lèvera cette indéter-
mination en prenant un
nouveau plan vertical de
projection, *quelconque*, non
parallèle à xy.

On choisira, par exemple,
comme nouveau plan de projection vertical, le plan de
profil x_1y_1 qui contient la
droite (fig. 81).

Soient (m, m'), (n, n') les
projections de deux points
donnés de la droite. La nou-

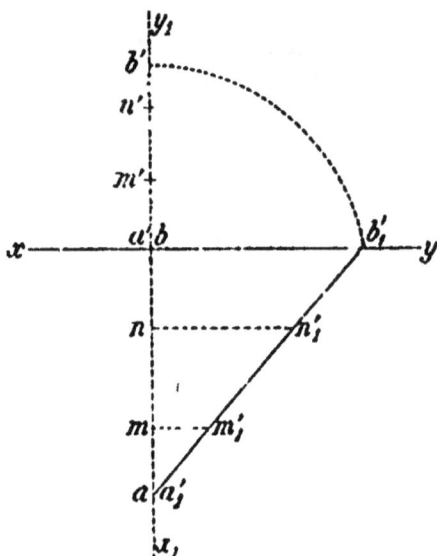

Fig. 81.

velle projection verticale de la droite est $m_1'n_1'$. On a ainsi la
trace horizontale a. Quant à la trace verticale cherchée b', laquelle se projette horizontalement en b sur xy, on lit sa cote
en bb_1' sur le nouveau plan vertical ; on aura donc b' en prenant
$bb' = bb_1'$.

Angle d'une droite avec le plan horizontal de Projection. — Pente.

110. L'angle d'une droite AB avec le plan horizontal de projection est l'angle φ que fait AB avec sa projection horizontale ab.

Dans le cas particulier où AB est une droite de front, cet angle φ (fig. 82) se trouve déterminé : car, dans ce cas, AB est parallèle à sa projection verticale $a'b'$; et l'angle de AB avec ab est précisément égal à l'angle de $a'b'$ avec ab (on sait, d'ailleurs, que ab est alors parallèle à xy).

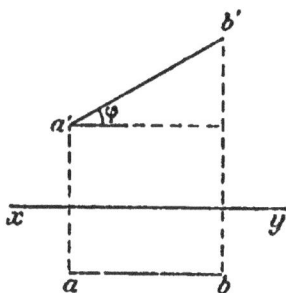

Fig. 82.

111. Il est facile de ramener le cas général à ce cas particulier, en rendant la droite AB de front par un changement du plan vertical de projection : il suffira que la nouvelle ligne de terre x_1y_1 soit parallèle à ab (n° 107).

La construction est faite ici (fig. 83) en menant x_1y_1 suivant ab. La nouvelle projection verticale de la droite étant $a'_1b'_1$, l'angle de AB avec le plan horizontal est l'angle φ que $a'_1b'_1$ fait avec ab.

On remarquera que ab'_1, menée parallèlement à $a'_1b'_1$, représenterait la nouvelle projection verticale de AB, si on diminuait toutes les cotes d'une longueur égale à la cote de A. Dans la pratique, c'est une projection à cotes réduites que l'on construit le plus souvent pour obtenir l'angle φ.

112. PENTE. — On appellera *distance verticale* de deux points A et B la différence bb'_1 des cotes de ces points (fig. 83) ; et *distance horizontale* des mêmes points, la projection horizontale ab de AB.

Le rapport $\frac{bb'_2}{ab}$ entre la distance verticale et la distance horizontale de deux points A et B d'une droite donnée est constant,
quels que soient ces deux points sur la droite; car tous les
triangles rectangles analogues au triangle abb'_2, ayant l'angle φ
commun, sont semblables.

Par définition, *ce rapport, constant, entre la distance verticale
de deux points d'une droite et leur distance horizontale, est appelé*
LA PENTE *de la droite.*

On retrouve ainsi ce qui a été dit en géométrie cotée.

Longueur d'un segment de droite.

113. Ce problème se trouve résolu en même temps que le précédent. La droite AB étant
rendue de front (fig. 83), sa
longueur est égale à celle
de sa projection verticale:
cette longueur est donc représentée soit par $a'_1b'_1$ soit
par ab'_2.

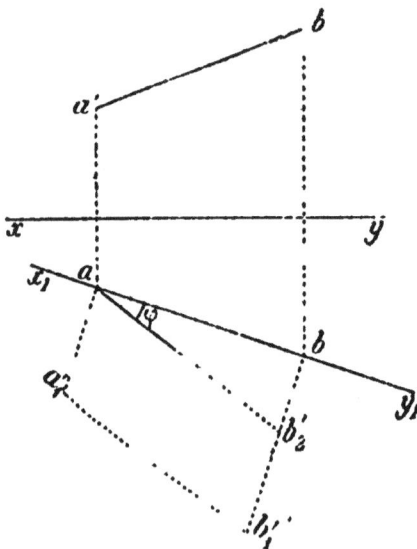

Fig. 83.

Droites parallèles.

114. THÉORÈME. — *Pour
que deux droites soient parallèles, il faut que leurs projections horizontales soient
parallèles, ainsi que leurs
projections verticales; et cette
condition est suffisante, ex-
cepté lorsque les droites sont de profil.*

1° Soient les parallèles AB et CD (fig. 84). Le plan P qui
projette AB horizontalement suivant ab est déterminé par AB et

par la projetante A*a*. Le plan Q qui projette horizontalement CD suivant *cd* est déterminé par CD et par la projetante C*c*. Or AB

et A*a* étant respectivement parallèles à CD et à C*c*, les plans P et Q sont parallèles : par suite, les intersections *ab* et *cd* de ces deux plans avec le plan H sont parallèles.

De même *a'b'* et *c'd'* sont parallèles. Donc la condition énoncée est nécessaire.

2° Voyons si la condition est suffisante :

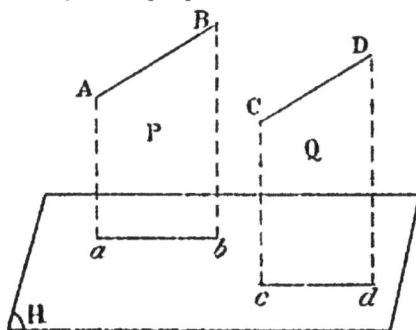

Fig. 84.

Supposons la condition remplie, c'est-à-dire *ab* parallèle à *cd* et *a'b'* parallèle à *c'd'*.

Par le point (*c,c'*) imaginons une droite Δ parallèle à AB. La projection horizontale δ de cette droite Δ sera parallèle à *ab* et par suite confondue avec *cd*; de même la projection verticale

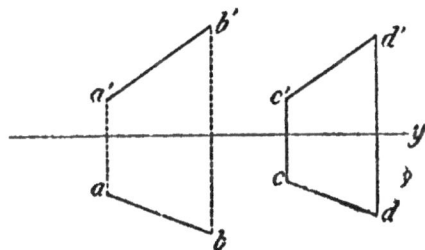

Fig. 85.

δ' de Δ sera parallèle à *a'b'* et par suite confondue avec *c'd'*. Les droites Δ et CD ayant les mêmes projections sont, *en général*, confondues ; donc, en général CD est parallèle à AB.

Mais, cette conclusion n'est pas vraie *si* AB *et* CD *sont de profil*; car alors les droites ne sont pas déterminées par leurs projections, et on ne saurait conclure que deux droites Δ et CD coïncident quand elles ont les mêmes projections. Dans ce cas, on pourra revenir au cas général en changeant le plan vertical de projection.

115. APPLICATION : *Par un point donné* (*c,c'*) *mener une parallèle à une droite donnée* (*ab,a'b'*).

Il n'y aura qu'à tracer cd et $c'd'$ respectivement parallèles à ab et à $a'b'$: la droite $(cd,c'd')$ sera la droite demandée.

Ceci, pourvu que AB ne soit pas de profil : dans le cas où AB serait de profil, on retomberait sur le cas général en changeant le plan vertical de projection.

Droites concourantes (fig. 86).

116. Théorème. — *Pour que deux droites* AB *et* CD, *non de profil, se rencontrent, il faut et il suffit que leurs projections horizontales aient un point commun* m, *que leurs projections verticales aient un point commun* m', *et que* m *et* m' *soient sur une ligne de rappel.*

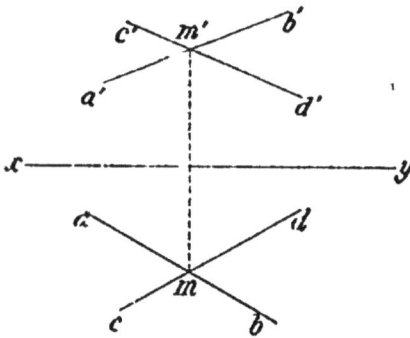

1° Si AB et CD se rencontrent en M, la projection horizontale m de M est à la fois sur ab et sur cd ; sa projection verticale m' est à la fois sur $a'b'$ et sur $c'd'$: ces deux projections m et m' étant, d'ailleurs, sur une ligne de rappel. Donc la condition est nécessaire.

2° La condition est suffisante, car si elle est remplie, m et m' représentent un point M qui est évidemment à la fois sur AB et sur CD.

117. La condition, qui est toujours nécessaire, ne serait pas suffisante pour des droites de profil, car les points m et m' sont indéterminés.

Dans ce cas, on reviendra au cas général en changeant le plan vertical de projection.

118. Problème. — *Lorsque les projections de deux droites se* coupent et que les points d'intersection sont en dehors des limites de l'épure, reconnaître si ces droites se rencontrent (fig. 87).

Pour que les droites AB et CD se rencontrent, il faut et il suffit qu'elles soient dans un même plan. Pour cela, il faut et il suffit que deux autres droites MN et PQ, s'appuyant sur AB et CD soient dans un même plan, et par suite se rencontrent en S. On choisira MN et PQ telles que S soit dans les limites de l'épure.

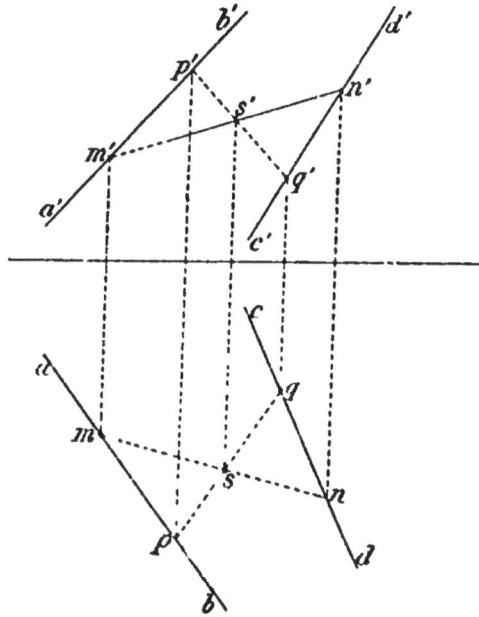

Fig. 87.

Exercices.

1. Sur une droite donnée, marquer un point de cote donnée ou d'éloignement donné. Cas d'une droite de profil.

2. Un point est situé dans le plan bissecteur du 1er et du 3e dièdre si sa cote et son éloignement sont égaux : dans le plan bissecteur du 2e et du 4e dièdre, si sa cote et son éloignement sont égaux et de signes contraires.

Comment, dans ces deux cas, sont placées les projections par rapport à xy ?

3. Une droite est située dans le plan bissecteur du 1er et du 3e dièdre, si ses deux projections sont symétriques par rapport à xy ; dans le plan bissecteur du 2e et du 4e dièdre, si les deux projections sont confondues.

4. Une droite est parallèle au plan bissecteur du 1er dièdre ou à celui du 2e dièdre, si ses projections sont également inclinées sur *xy*. Reconnaître quel est le bissecteur auquel elle est parallèle.

5. Si une droite rencontre la ligne de terre, la cote et l'éloignement d'un point quelconque ont un rapport constant; et réciproquement.

6. Trouver sur une droite donnée un point dont la cote égale l'éloignement (Appliquer l'exercice 3).

7. Plus généralement, trouver sur une droite un point dont la cote et l'éloignement aient un rapport donné (D'après l'exercice 5).

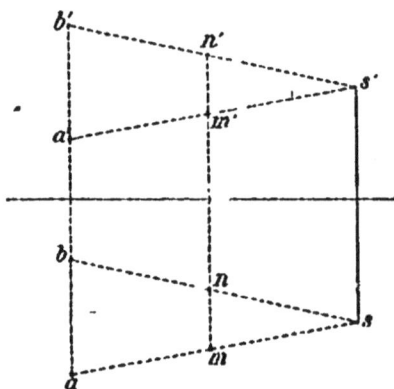

8. Reconnaître si une droite de profil rencontre une droite quelconque.

9. Construire, par un point M, une parallèle à une droite de profil AB, sans faire de changement de plan.

(On joindra le point B à un point quelconque S de AM — voir la figure 88. — Le point N de la droite SB, situé dans le plan de profil qui passe par M, sera un deuxième point de la parallèle demandée.)

Fig. 88.

10. Reconnaître si deux droites de profil AB et MN (même figure) sont parallèles.

11. Construire une droite AB, connaissant le point A, la projection horizontale *b* du point B, et la longueur AB.

12. Construire une droite AB, connaissant le point A, la projection horizontale *ab*, et l'angle que fait la droite avec un plan horizontal.

13. Étant donnée une droite horizontale, choisir un plan vertical de projection tel que la droite donnée soit perpendiculaire à ce nouveau plan de projection.

CHAPITRE III

LE PLAN

Représentation d'un plan. — Traces.

110. 1° Dans le cas général, un plan sera représenté par deux droites concourantes, ou par deux droites parallèles, ou par une droite et un point, ou par trois points.

2° Il est fort commode, dans la plupart des cas, pour représenter un plan, de choisir deux droites particulières, savoir les TRACES de ce plan sur les plans de projection. La *trace horizontale* est son intersection αP avec le plan horizontal de projection ; la *trace verticale* est son intersection αP' avec le plan vertical.

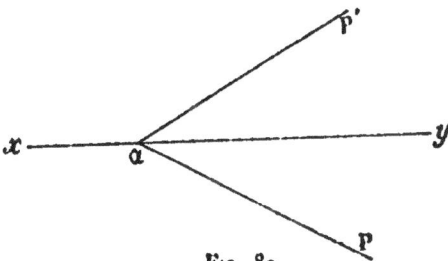

FIG. 89.

La connaissance des traces permet de voir facilement l'orientation du plan ; elle simplifie aussi certaines constructions.

Remarquer que αP a sa projection verticale sur xy, et que αP' se projette aussi horizontalement sur xy (fig. 89).

Si le plan rencontre la ligne de terre en un point α, les deux traces passent évidemment par ce point α. Si LE PLAN EST PARALLÈLE A xy, les deux traces sont évidemment parallèles à xy.

Si un plan passe par xy, les traces étant confondues avec xy,

le plan ne 'sera déterminé que si on donne un de ses points
extérieur à *xy*.

Plans remarquables.

120. I. — PLAN VERTICAL : PLAN DE FRONT.

1° Si le plan PαP′ est *vertical*, ce plan et le plan de projection
V étant tous deux perpendicu-
laires au plan de projection H,
leur intersection αP′, c'est-à-dire
la trace verticale du plan donné,
est *perpendiculaire à* H *et par
suite à xy* (fig. 90).

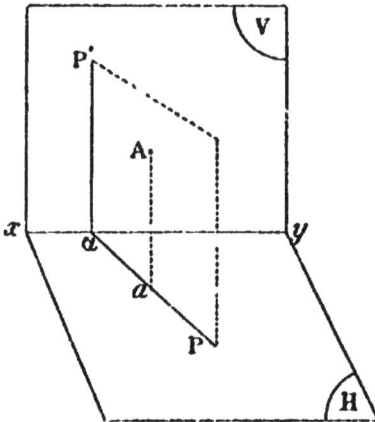

Réciproquement, si la trace verticale αP′ d'un plan est perpendiculaire à *xy*, ce plan est vertical. En effet, la droite αP′, du
plan V, est perpendiculaire à H ;
et tout plan passant par αP′ est
aussi perpendiculaire à H, c'est-
à-dire vertical.

Le plus souvent, quand il
s'agit d'un plan vertical PαP′, on supprime la trace verticale ; le
plan est simplement *représenté par sa trace horizontale* αP.

Point situé dans un plan vertical. — Tout point A situé dans un
plan vertical αP a sa projection horizontale *a* sur la trace horizontale du plan. Car la projetante A*a* est dans ce plan vertical.

Réciproquement, si la projection *a* est sur αP, le point A sera
dans le plan : on remarquera seulement que *a* étant donné, A sera
quelconque sur la verticale *a*A.

2° Si un plan vertical est en même temps parallèle au plan
vertical de projection, on l'appelle PLAN DE FRONT. La trace horizontale P est alors parallèle à *xy* : il n'y a pas de trace verticale.

Comme tout plan vertical, un plan de front sera *désigné par
sa trace horizontale* P.

Fig. 90.

121. II. — PLAN PERPENDICULAIRE AU PLAN VERTICAL V DE PRO-JECTION. — PLAN HORIZONTAL.

1° Ce qui vient d'être dit d'un plan perpendiculaire à H s'ap-plique à un plan perpendicu-laire au plan vertical de projec-tion V, appelé aussi plan *debout.*

La trace horizontale d'un plan PαP' perpendiculaire à V est perpendiculaire à *xy*; le plus souvent ce plan est dési-gné par sa seule trace verticale αP' (fig. 91).

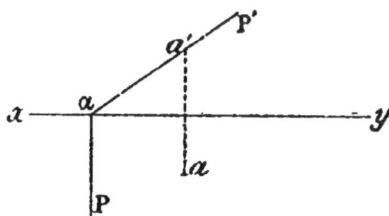

Fio. 91.

Un point A situé dans ce plan a sa projection verticale *a'* sur la trace verticale αP' du plan. Réciproquement tout point A dont la projection verticale *a'* est sur P' sera dans le plan P'αP, per-pendiculaire à V.

2° Si le plan perpendiculaire à V est en même temps paral-lèle au plan H, c'est-à-dire *horizontal,* sa trace P' est parallèle à *xy*; il n'y a pas de trace horizontale.

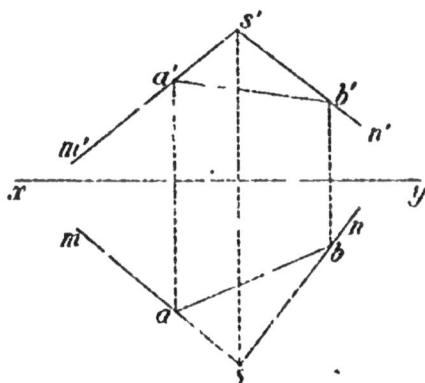

Un plan horizontal sera *déterminé par sa trace verti-cale* P'.

Droite d'un plan.

Fio. 92.

122. *Pour qu'une droite soit contenue dans un plan, il faut et il suffit qu'elle ren-contre deux autres droites du plan; ou bien qu'elle rencontre une de ces deux autres droites, et qu'elle soit parallèle à la deuxième.*

Dans le cas général, le plan est défini par deux droites con-courantes SM et SN (fig. 92).

Une droite quelconque AB du plan rencontrera SM en un point (a,a') et SN en un point (b,b'). Et cela suffit pour que AB soit dans le plan.

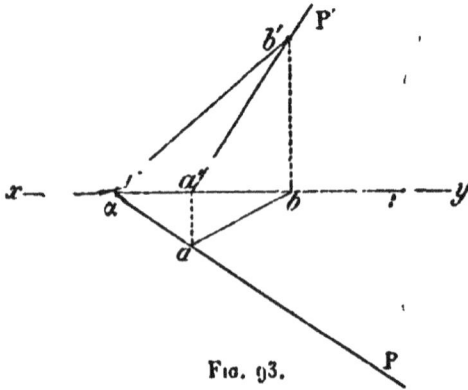

FIG. 93.

Il suffirait encore que AB rencontrât SM et fût parallèle à SN.

Cas où le plan est défini par ses traces. Ce qui vient d'être dit s'applique encore ici. On remarquera, dans ce cas, que les points A et B où la droite AB (fig. 93) rencontre les traces P'α et P'α du plan sont évidemment les traces de cette droite ; le point A étant d'ailleurs confondu avec sa projection horizontale *a*, et le point B confondu avec sa projection verticale b'.

Ce qui précède fournit la solution du problème suivant.

123. PROBLÈME. — *Connaissant l'une des projections d'une droite située dans un plan donné, construire l'autre projection.*

Soit un plan déterminé par les droites SM et SN (fig. 92). On donne la projection horizontale *ab* d'une droite AB du plan : il s'agit de construire sa projection verticale.

Les droites AB et SM devant se rencontrer, le point *a'* commun à leurs projections verticales doit être sur *s'm'* et sur la ligne de rappel du point *a*, où se coupent leurs projections horizontales. On construira de même le point *b'* sur *s'n'*. La projection verticale de AB sera *a'b'*.

Même raisonnement dans le cas où le plan est donné par ses traces (fig. 93).

REMARQUE. — Si le plan était vertical, la droite ne serait plus déterminée par sa projection horizontale.

De même une droite d'un plan debout ne serait pas déterminée par sa projection verticale.

Horizontales d'un plan.

124. Parmi les droites d'un plan, étudions en particulier les droites horizontales.

Soit le plan P'αP" défini par ses traces. Toutes les horizontales

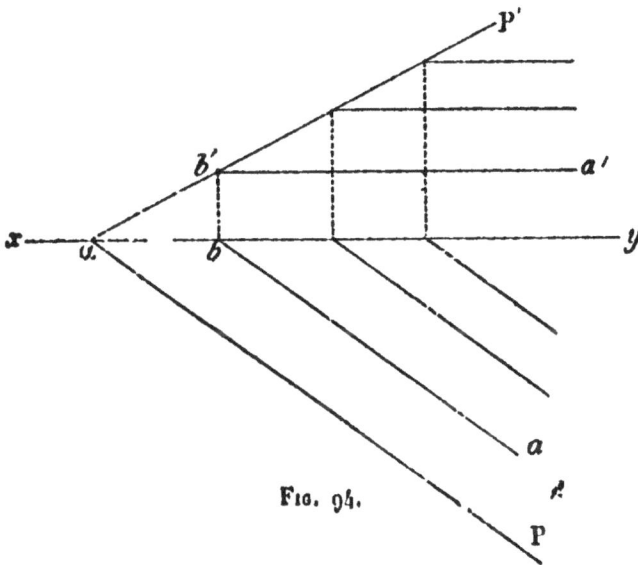

Fig. 94.

d'un plan étant parallèles; une horizontale quelconque AB est parallèle à la trace horizontale Pα. Les projections de AB sont donc parallèles à celles de Pα, c'est-à-dire ab parallèle à Pα et a'b' parallèle à xy (fig. 94).

Cette droite AB n'a pas de trace horizontale: elle n'a qu'une trace verticale b' située sur P'x. Et cette trace verticale b' disparaît elle-même si le plan est parallèle à xy.

L'emploi des horizontales joue un rôle important dans les

épures. Cet emploi rend beaucoup de constructions plus rapides et plus méthodiques.

Le tracé d'une série d'horizontales donne aussi très nettement la physionomie du plan.

Si le plan est défini par deux droites quelconques (fig. 92), le tracé d'une horizontale ne diffère pas de celui de toute autre droite AB du plan : il faudra seulement que la projection verticale a'b' soit parallèle à xy.

Droites de front d'un plan.

125. On répétera ce qui a été dit des horizontales, en permutant la projection horizontale avec la projection verticale.

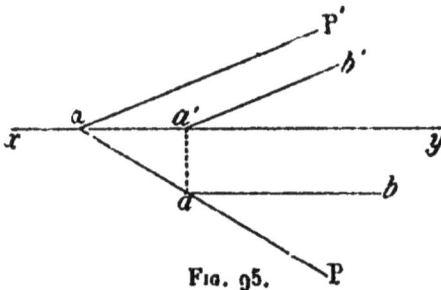

Fig. 95.

La projection verticale a'b' d'une droite de front AB est parallèle à P'α, et la projection horizontale ab parallèle à xy (fig. 95).

La droite n'a pas de trace verticale ; elle n'a qu'une trace horizontale a située sur P'α, et cette trace n'existe plus elle-même si le plan est parallèle à xy.

Point situé dans un plan.

126. Pour qu'un point A soit situé dans un plan, il faut et il suffit qu'il soit sur une droite du plan.

Si un point A est dans un plan donné, il sera déterminé par sa projection horizontale a ; car il sera à l'intersection du plan avec la verticale menée par a. Il est facile de trouver alors sa projection verticale (fig. 96).

Soit donc un plan défini par les droites SM et SN, et a la projection horizontale d'un
point A du plan. On tra-
cera une droite CD du
plan, dont la projection
horizontale passe par a:
la projection verticale a'
du point A sera sur la
projection verticale c'd' de
la droite.

Quand le plan est défini
par ses traces, la droite
employée CD est ordinai-
rement une horizontale (fig. 97).

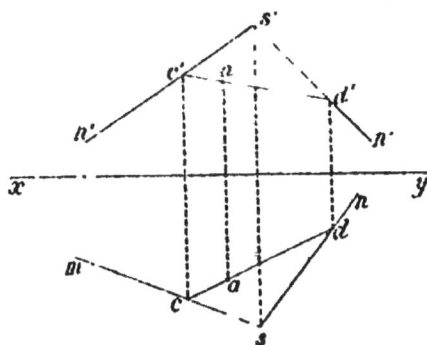

Fig. 96.

REMARQUE. — Si le plan donné est vertical, le point A de ce

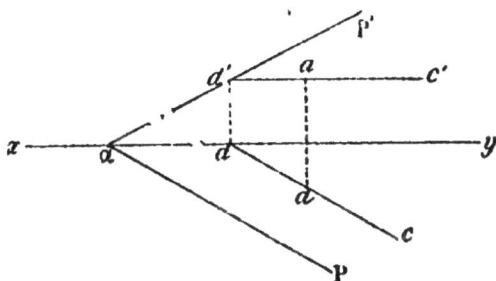

Fig. 97.

plan n'est pas déterminé par sa seule projection horizontale.

127. Le point A du plan serait de même déterminé par sa projection verticale a'; excepté, toutefois, lorsque le plan est perpendiculaire au plan vertical de projection.

128. PROBLÈME. — *Reconnaître si un point donné A est au-dessus
ou au-dessous d'un plan donné PαP'* (fig. 98).

On tracera une droite CD du plan, dont la projection horizontale *cd* passe par la projection horizontale *a* du point A. On
reconnaîtra alors que le point A est au-dessus ou au-dessous du
plan, suivant que sa projection verticale *a'* sera au-dessus ou au-
dessous de la projection verticale *c'd'* de la droite.

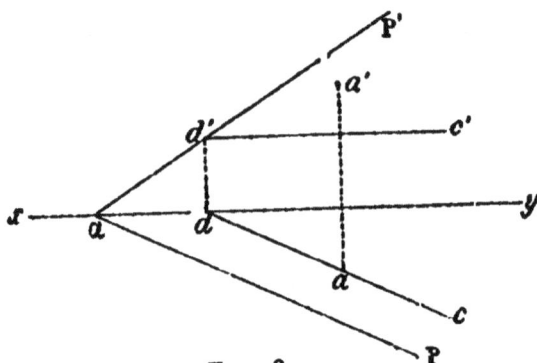

Fig. 98.

On vérifierait de même si le point A est en avant ou en
arrière d'un plan donné.

129. Problème. — *Construire les traces d'un plan défini par
deux droites.*

Soit le plan défini par les deux droites AB et CD qui se coupent en S (fig. 99).

La trace horizontale αP de ce plan est la droite réunissant les
traces horizontales *a* et *c* des deux droites données AB et CD.

De même on aura la trace verticale αP' du plan, en joignant
les traces verticales *b'* et *d'* des droites données.

Remarques. I. — Les traces du plan devant couper *ay* au même
point α, ce point α peut remplacer une des 4 traces *a*, *c*, *b'*, *d'*
des droites données.

II. — Si, par exemple, AB était horizontale, la trace πP serait
parallèle à *ab*. De même, si AB était de front, la trace αP' serait
parallèle à *a'b'*.

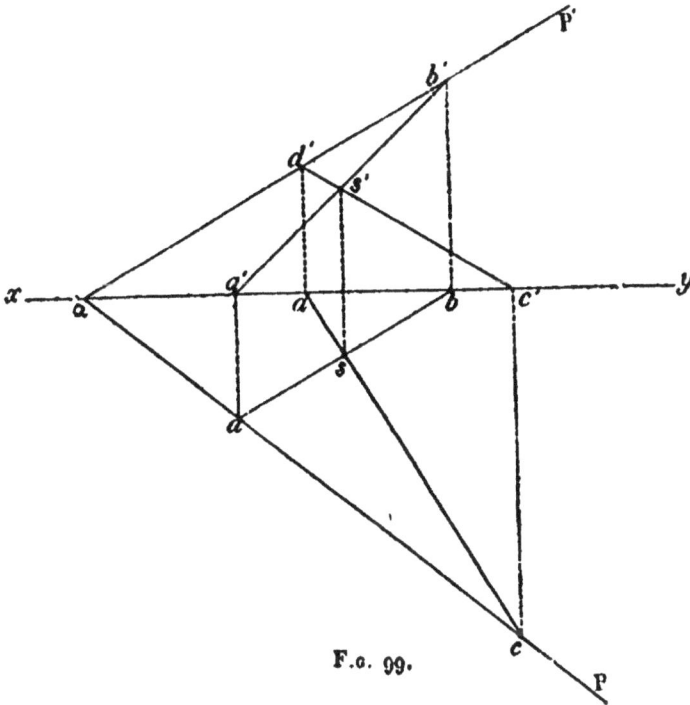

F.o. 99.

Ligne de plus grande pente d'un plan.

130. On a vu dans le livre I (n° 20) la définition de *la ligne de plus grande pente* d'un plan, ainsi que les propriétés de cette ligne.

En particulier, nous rappellerons les propriétés suivantes :

1° Si AB est une ligne de plus grande pente d'un plan, la projection horizontale de AB est perpendiculaire aux projections des horizontales du plan ; et réciproquement.

2° Un plan est déterminé par une de ses lignes de plus grande pente AB.

On pourra ici, pour représenter le plan, tracer, par un point

7.

M de AB, une horizontale MC du plan (fig. 100) : la projection mc de MC est perpen-
diculaire à ab, et sa projection m'c' est parallèle à xy.
Le plan est ainsi représenté
par les droites concourantes
AB et MC.

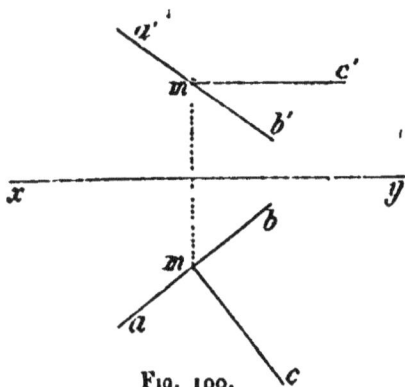

131. Enfin, nous rappellerons que, par définition,
*la pente d'un plan est celle
d'une de ses lignes de plus
grande pente.*

Fig. 100.

Droites et plans parallèles.

132. PROBLÈME. — *Par une droite donnée* (α), *mener un plan* P
*parallèle à une autre droite
donnée* (β).

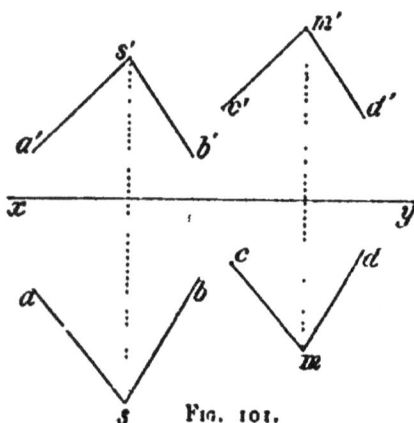

Il suffira de mener, par un
point de (α) une droite (β')
parallèle à (β) : le plan défini
par (α) et (β') est le plan demandé.

133. CONDITION POUR QUE
DEUX PLANS SOIENT PARALLÈLES ·
I. — Pour qu'un plan Q soit
parallèle à un plan P, *il suffit*
qu'il contienne deux droites

Fig. 101.

concourantes MC et MD (fig. 101) respectivement parallèles à deux
droites SA et SB du plan P.

II. — 1° Si les plans sont définis par leurs traces, IL FAUT
*que leurs traces horizontales soient parallèles, ainsi que leurs traces
verticales.* Car les traces horizontales sont les intersections d'un

même plan H avec les deux plans parallèles donnés P et Q. De
même, les traces verticales sont les intersections de ces plans
parallèles P et Q par
le plan vertical de pro-
jection V (fig. 102).

Il résulte encore de
là que les horizontales
du 1er plan P sont paral-
lèles aux horizontales
du 2e plan Q. De même
pour les droites de front.

2° RÉCIPROQUEMENT,
si deux plans P et Q
ont leurs traces hori-
zontales et leurs traces
verticales respective-

ment parallèles, ces plans sont évidemment parallèles lorsque
les traces de chacun d'eux sont concourantes.

Mais la condition ne serait pas suffisante si les traces étaient
parallèles à xy.

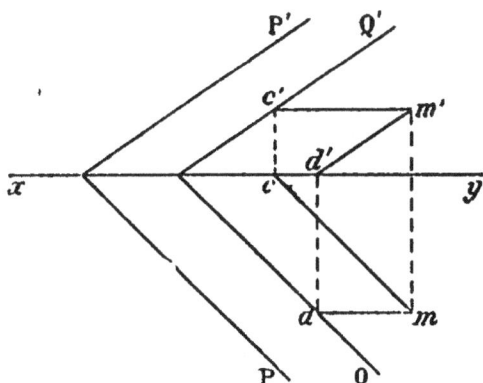

134. PROBLÈME. — *Par un point donné M, mener un plan parallèle à un plan donné.*

I. — Dans le cas général, le plan donné est défini (fig. 101)
par deux droites concourantes SA et SB. Pour mener un plan
parallèle par le point M, *il suffira* de construire par ce point M
les droites MC et MD respectivement parallèles à SA et SB : le
le plan CMD sera le plan demandé.

II. — Si le plan donné est défini par des traces concourantes,
la construction précédente subsiste complètement (fig. 102),

On mènera, par le point M, l'horizontale $(mc, m'c')$ parallèle
à Pα, puis la droite de front $(md, m'd')$ parallèle à P'α : le plan
demandé sera déterminé par ces deux droites.

On pourra, au moyen de ces deux droites, construire les traces
Q et Q' de ce plan.

CHAPITRE IV

INTERSECTIONS DE PLANS
INTERSECTIONS DE DROITES ET DE PLANS

Intersection de deux plans.

135. Nous examinerons d'abord des *cas simples* où la question se résout immédiatement.

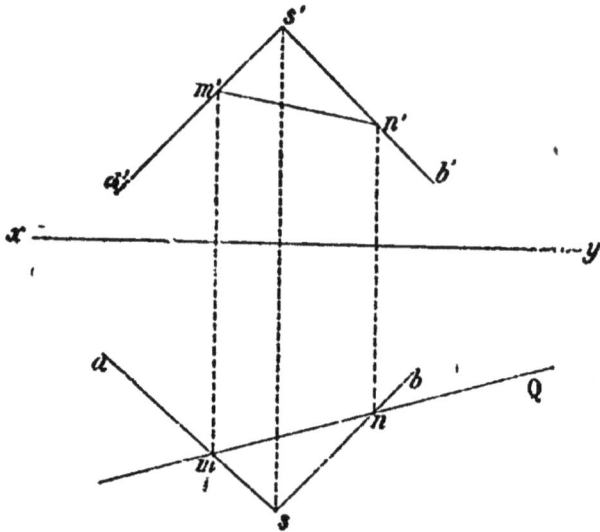

Fig. 103.

Cas où l'un des plans est perpendiculaire à l'un des plans de projection, l'autre plan étant quelconque.

Soit (fig. 103) un plan quelconque défini par deux droites SA et SB : on veut le couper par un plan vertical défini au moyen de sa trace horizontale Q. — La trace Q du plan vertical rencontrant en *m* la projection horizontale de SA, le point (*m, m'*) de SA est dans ce plan vertical (n° 120) ; de même le point (*n, n'*) de SB. Les points M et N sont communs aux deux plans : l'intersection cherchée est donc MN. — Même construction si, au lieu du plan vertical Q, on donnait un plan perpendiculaire au plan vertical de projection.

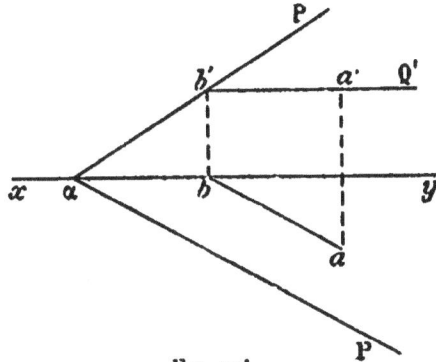

136. Le cas précédent contient les cas remarquables où l'un des plans sécants est *horizontal* ou *de front.*

Fia. 104.

Soit (fig. 104) le plan PαP' coupé par le plan horizontal Q'. L'intersection est une horizontale (*ab, a'b'*) du plan PαP', projetée verticalement suivant Q'.

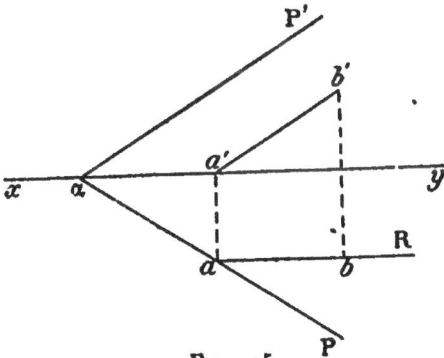

Soit de même (fig. 105) le plan PαP' coupé par le plan de front R. L'intersection est une droite de front (*cd, c'd'*) du plan PαP', projetée horizontalement suivant la trace R du plan de front.

Fia. 105.

137. *Cas général.* — Le procédé à employer est celui qui a été indiqué en géométrie cotée (n° 39) :

On obtiendra un point M de l'intersection AB des plans P et Q, en coupant P et Q par un plan R tel que l'on sache construire les sections MC et MD faites par ce plan R dans les plans P et Q : le point M commun à MC et à MD sera un point de AB.

Cette opération, exécutée deux fois, fournira l'intersection des deux plans. Une construction auxiliaire suffirait si on connaissait déjà soit un point, soit la direction de l'intersection.

Les plans auxiliaires qui conviennent le mieux sont des plans perpendiculaires à l'un des plans de projections, et surtout, parmi ceux-là, les plans *horizontaux* ou *de front*.

On s'explique que, pour appliquer le procédé précédent, on doive savoir trouver directement l'intersection de deux plans dans certains cas simples.

138. EXEMPLE I. — *Intersection de deux plans définis par leurs traces, lorsque ces traces se rencontrent dans les limites de l'épure.*

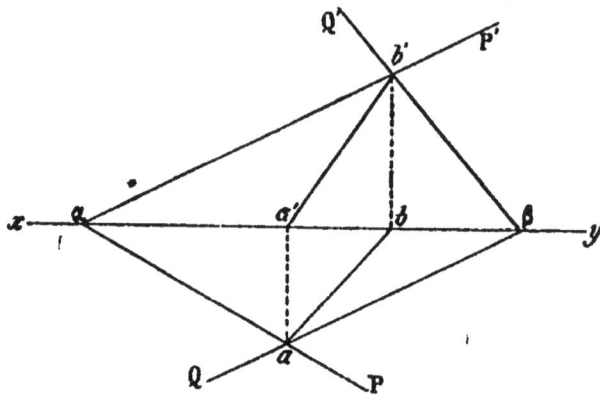

Fig. 106.

Soient PαP' et Q3Q' les deux plans (fig. 106).

Le point (a, a') où se coupent les traces horizontales, et le point (b, b') où se coupent les traces verticales sont deux points de l'intersection des deux plans ; la droite AB est donc cette intersection.

Dans cet exemple extrêmement simple, les plans auxiliaires employés sont les plans de projection.

139. EXEMPLE II. — *Intersection de deux plans parallèles à xy.*
Les deux plans donnés (P,P') et (Q,Q') étant parallèles à *xy*, leur intersection est parallèle à *xy* : il suffira d'en connaître un point M (fig. 107).

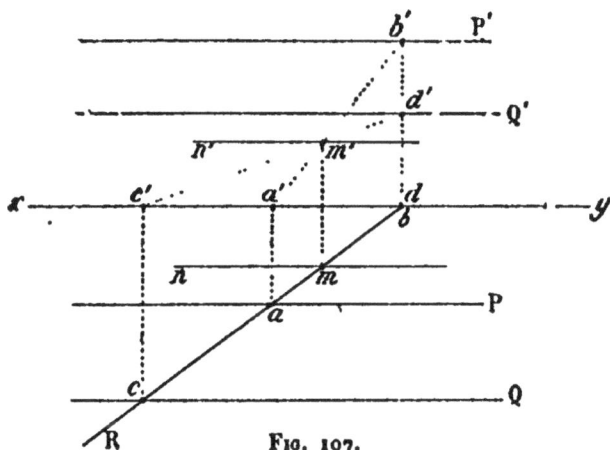

FIG. 107.

Employons un plan auxiliaire vertical R : ce plan vertical coupe le plan (P,P') suivant la droite (ab,a'b'), le plan (Q,Q') suivant la droite (cd,c'd') : le point (m,m') commun à ces deux droites est un point de l'intersection cherchée ; cette intersection sera, dès lors, la droite (mn,m'n') parallèle à *xy*.

Intersection de trois plans.

140. Si trois plans P, Q, S sont concourants en un point M, ce point M sera le point commun aux deux droites suivant les-quelles l'un des plans P coupe les deux autres. Les trois plans ne seraient pas concourants si ces deux droites étaient parallèles.

Intersection d'une droite et d'un plan.

141. *La construction est immédiate si le plan donné est vertical ou perpendiculaire au plan vertical.*

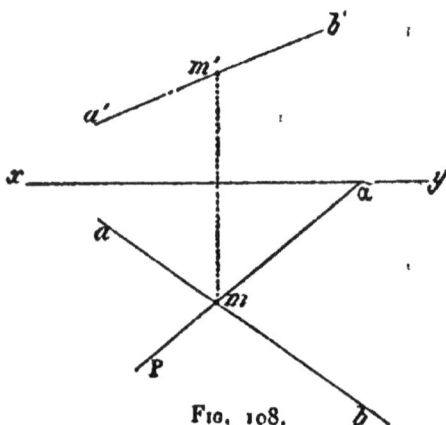

Soit AB la droite donnée (fig. 108), coupée par un plan vertical Pα. Le point (m,m') de cette droite dont la projection horizontale est sur Pα, est le point commun au plan et à la droite.

La droite et le plan seraient parallèles, si la projection horizontale ab de la droite était parallèle à la trace P du plan.

Fig. 108.

142. CAS GÉNÉRAL. — On emploiera la méthode indiquée en géométrie cotée (n° 48):

Pour trouver l'intersection de la droite AB avec le plan P on fera passer par AB un plan quelconque Q. Soit alors CD l'intersection des plans P et Q; le point M commun à AB et à CD est le point où la droite AB perce le plan P.

Le plan auxiliaire Q le plus commode est, en général, un des plans projetants de la droite. Il arrive pourtant qu'on a avantage, dans les épures, à employer d'autres plans particuliers.

143. Appliquons la méthode à la recherche du point M où la droite (δ,δ') perce le plan défini par les droites SA et SB (fig. 109).

Si nous coupons le plan SAB par le plan vertical Q qui projette la droite horizontalement en (δ), les deux plans SAB et Q ont pour intersection $(cd,c'd')$. Le point (m,m') commun à (δ,δ') et à $(cd,c'd')$ est le point où la droite donnée perce le plan SAB.

144. Application. — Si trois plans sont concourants, on pourra obtenir le point de concours en cherchant le point où

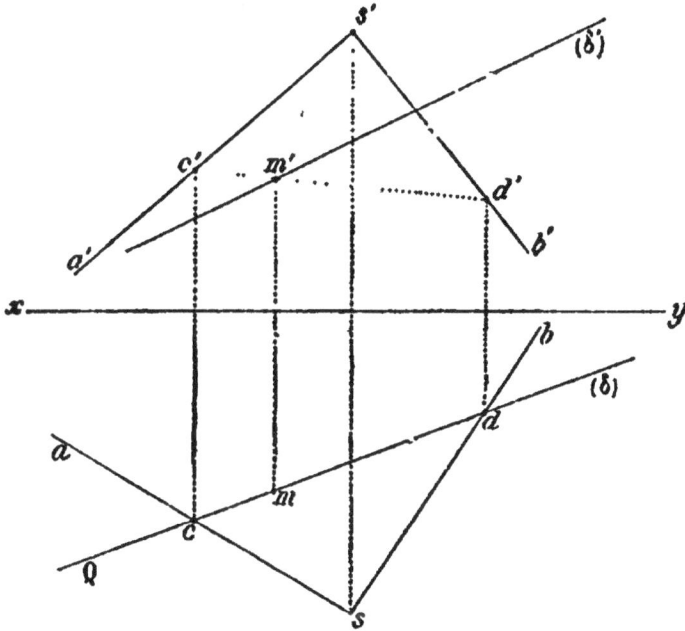

Fig. 109

l'intersection des deux premiers plans perce le troisième : ce sera le point cherché.

Problèmes d'application.

145. Problème. — *Mener, par un point donné M, une droite MN qui soit parallèle à un plan donné et qui rencontre une droite donnée AB.*

Comme on l'a déjà vu en géométrie cotée (n° 51), la droite MN est l'intersection du plan MAB avec un plan mené par M parallèlement au plan donné.

Dans l'épure (fig. 110), le plan donné est représenté par les

droites SF et SG. Le plan parallèle passant par M est déterminé
par les droites MC et MD respectivement parallèles à SF et à SG.
Pour obtenir un point commun aux plans MAB et MCD, on a
pris comme plan auxiliaire le plan vertical qui projette AB ; ce

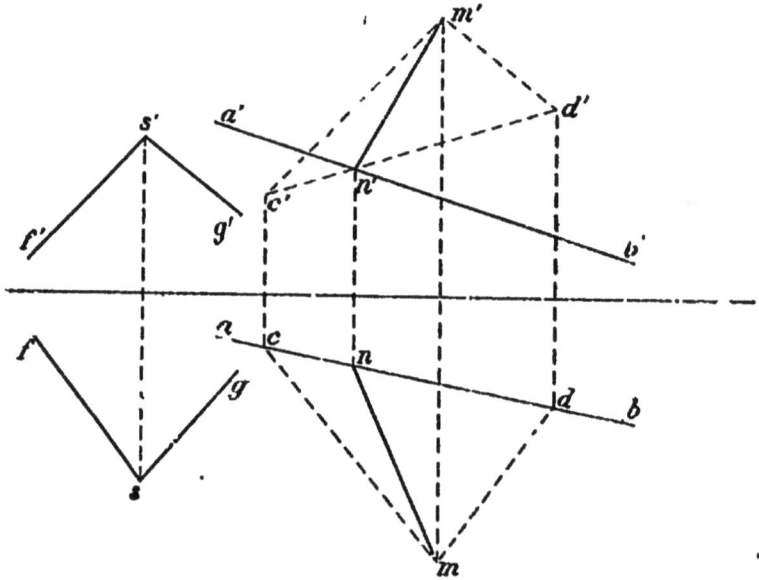

Fig. 110.

plan auxiliaire coupe le plan MAB suivant AB, et le plan MCD
suivant CD : le point N commun à AB et à CD est un point
commun aux plans MAB et MCD. Il n'y a plus qu'à joindre MN
pour avoir la droite cherchée.

**146. Problème. — *Par un point donné S, tracer une droite
MN qui rencontre deux droites données AB et CD.***

Ce problème a été résolu en géométrie cotée (n° 52). La droite
MN est l'intersection des plans SAB et SCD.

Dans l'épure (fig. 111), le plan SAB est représenté par la

droite AB et par la droite parallèle SF ; le plan SCD, par la
droite CD et par la parallèle SG.

On a cherché un point H commun aux deux plans au moyen
du plan auxiliaire horizontal R'. Ce plan auxiliaire rencontre

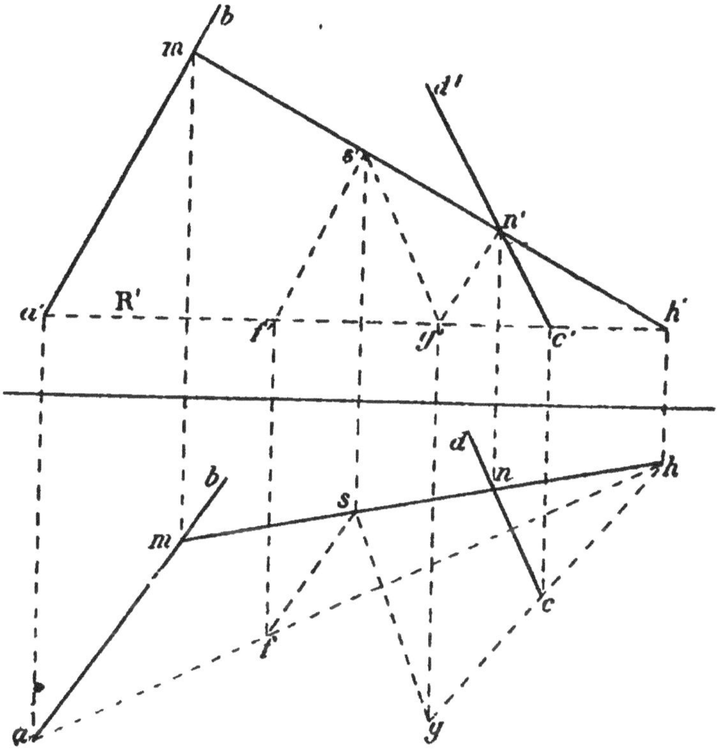

FIG. 111.

en A et F les droites AB et SF du plan SAB, il coupe donc suivant AF le plan SAB. De même le plan auxiliaire coupe, suivant
CG le plan SCD. Le point H commun à AF et à CG fait partie
des deux plans ; en joignant SH on aura la droite demandée, qui
rencontre AB en M et CD en N.

147. PROBLÈME. — *Construire une droite MN qui soit parallèle*

à une direction donnée Δ *et qui rencontre deux droites données* AB *et* CD.

Déjà résolu en géométrie cotée (n° 53).

La droite MN est l'intersection de deux plans P et Q parallèles à Δ et menés l'un par AB, l'autre par CD.

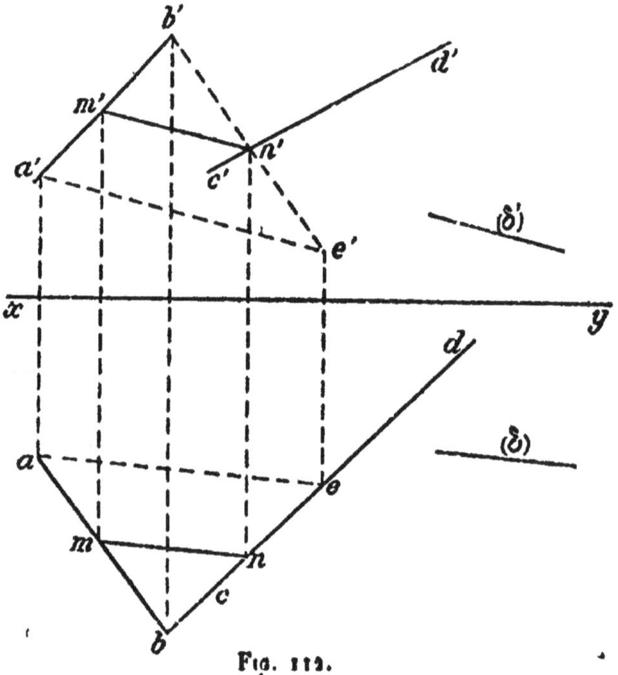

Fig. 112.

Dans l'épure (fig. 112), on a représenté le 1ᵉʳ plan P par la droite AB et par AE parallèle à Δ ; et on a cherché le point N où CD perce ce plan : ce point N fait évidemment partie de l'intersection de ce premier plan avec le deuxième plan Q qui passerait par CD.

En traçant NM parallèle à Δ, on aura la droite demandée, qui s'appuie en M et N sur les droites données.

(En réalité, dans l'épure, on n'a construit que le premier des deux plans P et Q, et on s'est borné à imaginer le deuxième ; il a suffi de chercher le point N où CD perce le plan P. Le procédé est assez expéditif, mais ne peut s'employer que si le point N est dans les limites de l'épure. S'il en était autrement, on chercherait l'intersection des deux plans P et Q par les méthodes générales.)

Exercices sur les Chapitres III et IV.

1. Trouver, dans un plan donné, un point ayant une cote et un éloignement donnés.

2. Reconnaître si quatre points sont dans un même plan.

3. Mener dans un plan, par un point de ce plan, une droite de pente donnée.

4. Reconnaître si une droite donnée est parallèle à un plan donné

5. Par un point d'un plan, mener dans ce plan une droite parallèle à un autre plan donné.

6. Si deux plans se coupent suivant une horizontale, ces plans ont leurs horizontales parallèles; et réciproquement.

7. Les points d'une droite dont la cote et l'éloignement sont égaux sont les points où cette droite perce les plans bissecteur des dièdres formés par les plans de projection.

8. Intersection de deux plans qui ont chacun leurs deux traces en ligne droite.

Cas où ces plans coupent la ligne de terre au même point. Faire voir qu'alors l'intersection est dans un plan bissecteur de l'un des dièdres formés par les plans de projection.

9. Tous les plans dont les distances à *deux* points donnés sont dans un rapport donné passent par un point fixe situé sur la droite qui joint les deux points.

Cas particulier où le rapport est égal à $+ 1$?

10. Appliquer la proposition précédente à la résolution des problèmes suivants :

a. — Construire, par une droite donnée, un plan dont les distances à *deux* points donnés aient un rapport donné ;

b — Construire, parallèlement à un plan donné, un plan dont les distance à *deux* points donnés aient un rapport donné :

c. — Construire, par un point donné, ou parallèlement à une droite donnée, un plan dont les distances à *trois* points donnés soient proportionnelles à trois nombres donnés ;

d. — Construire un plan dont les distances à *quatre* points donnés soient proportionnelles à quatre nombres donnés.

11. Construire un segment horizontal de longueur donnée, et s'appuyant par ses extrémités sur deux droites données.

12. *Changement du plan vertical de projection, relativement à un plan donné* P :

1° Représenter le plan P avec un nouveau plan vertical de projection ;

2° Choisir un nouveau plan vertical de projection perpendiculaire au plan P ;

3° Si le plan P est vertical, choisir un nouveau plan vertical de projection qui lui soit parallèle : autrement dit, rendre le plan P de front.

CHAPITRE V

RABATTEMENT SUR UN PLAN HORIZONTAL

148. Le problème du rabattement sur un plan horizontal a été posé et résolu en géométrie cotée (n⁰ˢ 33 et 34). Les constructions seront les mêmes ici ; car les conditions du problème sont les mêmes, si ce n'est que la cote de chaque point, au lieu d'être évaluée en nombre, se déduit de sa projection verticale.

Soit MN (fig. 113) l'horizontale du plan choisie comme axe de rotation, et A un point quelconque du plan (le plan est déterminé par cette droite et ce point). Nous allons chercher le rabattement A₁ du point A.

Ce rabattement (n° 34) est sur la perpendiculaire *ar* menée par *a* à *mn* et à une distance de *r* égale à la longueur réelle du segment AR dans l'espace. Cette longueur AR, construite sur le plan horizontal, est l'hypoténuse *r*A₁ d'un triangle rectangle dans lequel les côtés de l'angle droit

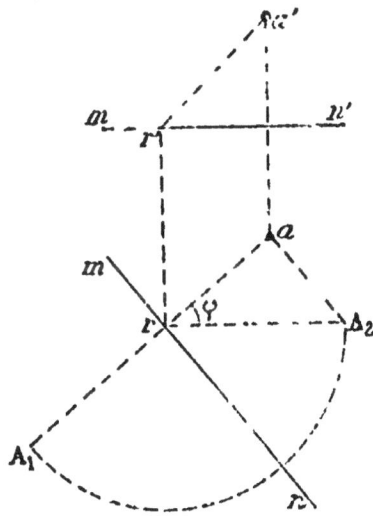

Fig. 113.

sont, l'un ar, l'autre aA_2 égal à la différence entre les cotes de
MN et de A.

Rabattement d'autres points. — Comme en géométrie cotée,

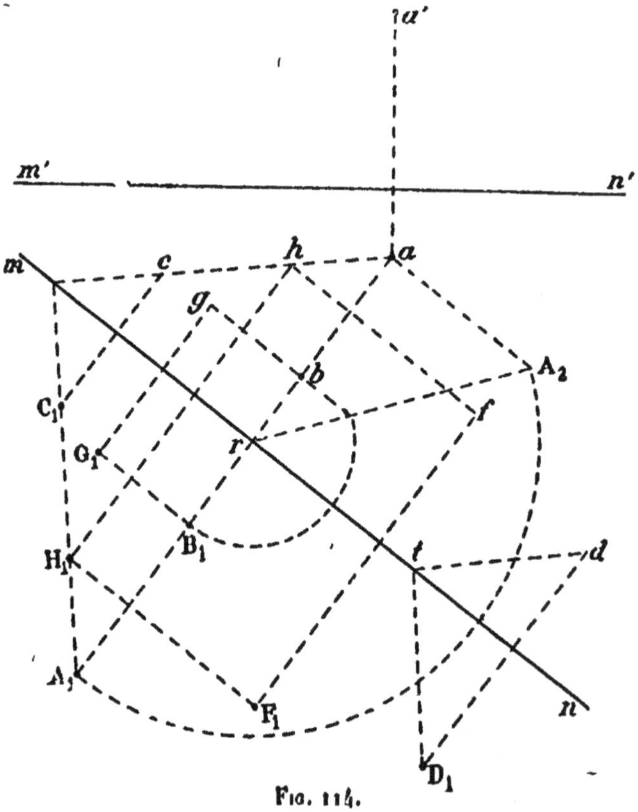

Fig. 114.

lorsqu'un premier point A se trouve rabattu, on peut rabattre
d'autres points en se donnant seulement leurs projections horizontales, et sans faire intervenir les cotes (fig. 114).

1° D'abord, remarquons que l'angle φ du triangle arA_2 mesure
l'inclinaison du plan, et est constant quel que soit le point rabattu.
Cet angle connu, il suffira donc, pour construire un autre tri-

angle analogue, d'en avoir un côté : c'est ainsi que le point b a été rabattu en B_1, au moyen de l'angle φ et du côté br.

2° Pour rabattre le point c, on peut joindre ac jusqu'à la charnière en s. Cette droite as est rabattue en A_1s : le point C_1 sera à l'intersection de A_1s et d'une perpendiculaire à mn menée par c.

3° Le point d est rabattu au moyen de la droite dt, parallèle à ac, et dont le rabattement tD_1 est parallèle à A_1C_1.

4° Le point f est rabattu au moyen de l'horizontale fh : le rabattement F_1H_1 de fh est déterminé par le rabattement H_1 d'un point h situé sur la droite ac déjà rabattue.

5° Le point g est rabattu aussi au moyen de l'horizontale qui passe par ce point. Mais le rabattement de l'horizontale est obtenu ici en rabattant, par le procédé du triangle rectangle, un de ses points b.

Relèvement. — Pour relever un point, toutes les constructions précédentes peuvent s'employer, elles se feront seulement en sens inverse.

Rappelons que, dans tous les cas, deux points situés de part et d'autres de MN se rabattront de part et d'autre de mn.

149. *Cas simple où le plan rabattu est vertical.* — Soit P la trace horizontale du plan, qui suffit à le représenter (fig. 115). La projection mn de l'axe de rotation se trouve sur la trace P, ainsi que la projection a du point A : la ligne ar se réduit à un point ; et dans le triangle arA_2 de la figure 113, l'hypoténuse aA_2 devient égale à la différence entre la cote de mn et la cote de a.

Donc le point a se rabat sur une perpendiculaire à mn menée par a, et à une distance aA_1 égale à la différence entre les cotes de MN et de A ($aA_1 = a'r'$).

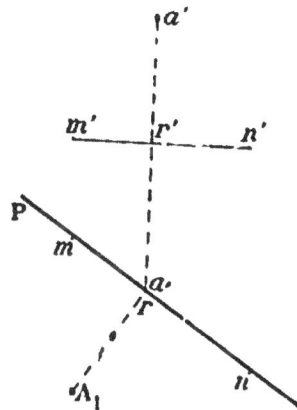

Fig. 115.

De même pour *relever* le point A : la longueur aA_1 représentera la différence entre la cote de MN et celle de A.

150. *Cas où le plan rabattu est un plan debout* αP′ (fig. 116).

Soit MN l'axe horizontal autour duquel tourne le plan : cette droite MN est une droite debout.

Le rabattement a_1 d'un point A du plan est sur la perpendi-

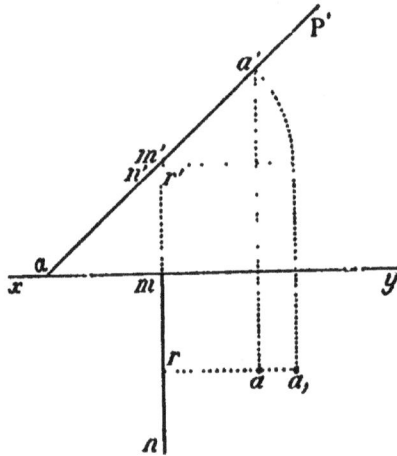

Fig. 116.

culaire ar_1 menée par a à mn, la distance ra_1 étant égale à RA. Or RA, perpendiculaire à une droite debout MN, est de front, et se projette verticalement en grandeur réelle, c'est-à-dire que RA = $r'a'$. On prendra donc $ra_1 = r'a'$. (Il est, d'ailleurs, facile de vérifier que l'hypoténuse du triangle rectangle construit ci-dessus a pour longueur $a'r'$.)

Pour relever a_1, on obtiendra d'abord a' en prenant $r'a' = ra_1$; puis une ligne de rappel conduira à a.

Applications.

151. PROBLÈME. — *Construire par un point M une perpendicu-*

laire à une droite AB, et déterminer la distance du point à la droite (fig. 117).

Comme dans le n° 37, on rabattra le plan ABM par exemple autour de l'horizontale AM; la droite AB se rabat en aB₁, le point M ne bouge pas.

1° La distance de M à AB s'obtient en menant mH₁ perpendiculaire à aB₁.

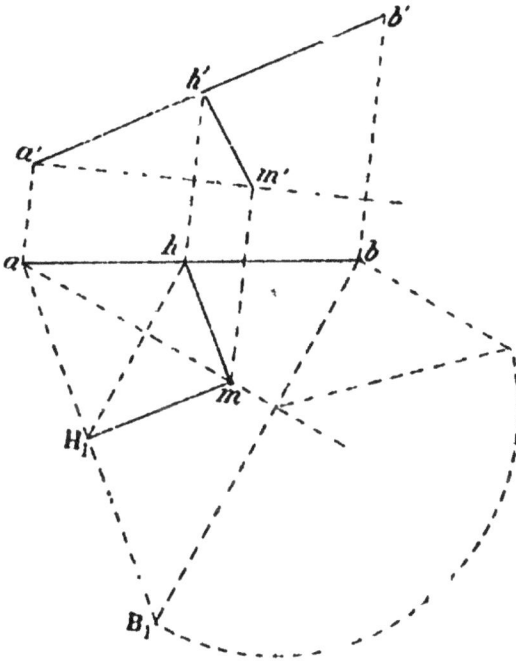

Fig. 117.

2° Si on relève H₁ en (*h*, *h′*), on aura les projections (*mh*, *m′h′*) de la perpendiculaire.

152. Problème. — *Construire l'angle de deux droites.*

Soient SA et SB deux droites concourantes (fig. 118).

Si on rabat le plan SAB autour de l'horizontale AB, les angles des droites seront égaux à ceux de leurs rabattements S_1a et S_1b : ces angles seront ainsi déterminés.

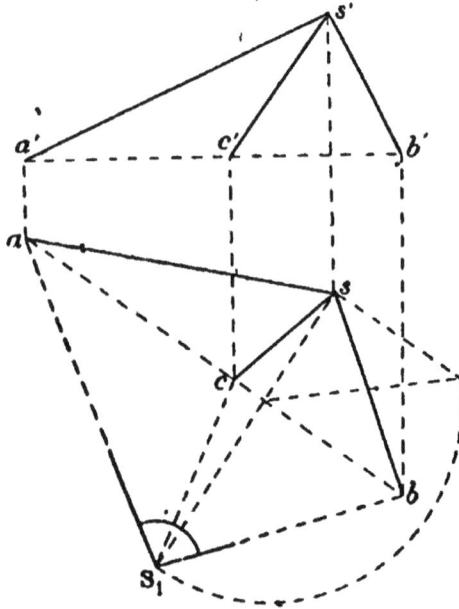

Fig. 118.

Bissectrice. — On peut se proposer de construire la bissectrice de l'un de ces angles, par exemple de l'angle ASB, correspondant aux sens SA et SB :

Le rabattement de cette bissectrice est la bissectrice S_1c de l'angle aS_1b : si on relève S_1c en (sc, s'c'), on aura la bissectrice demandée.

Exercices.

1. Connaissant l'éloignement d'un point et son rabattement autour d'une horizontale donnée, relever le point.

2. Connaissant la cote d'un point et son rabattement autour d'une horizontale donnée, relever le point.

3. On donne le rabattement d'un point autour d'une horizontale donnée. Relever ce point, sachant qu'il est contenu dans un plan donné.

4. Construire, par rabattement, le point commun à deux droites situées dans un même plan de profil.

5. Par une horizontale donnée, faire passer un plan dont les traces fassent entre elles un angle donné.

6. On donne une droite et un point extérieur. Faire passer par ce point une droite qui coupe la droite donnée sous un angle donné.

7. Tracer un segment de longueur donnée, parallèle à un plan donné et s'appuyant par ses extrémités sur deux droites données.

8. Construire un trièdre trirectangle, connaissant la section faite dans ce trièdre par le plan horizontal de projection.

9. Construire un trièdre trirectangle, connaissant la cote du sommet et les projections horizontales des arêtes.

10. Dans un tétraèdre ABCD, on donne la face ABC située sur un plan horizontal, l'angle $\widehat{BDC}$, le rapport $\dfrac{SB}{SC}$, et la hauteur issue du sommet D : construire ce 4ᵉ sommet D.

———

CHAPITRE VI.

DROITES ET PLANS PERPENDICULAIRES
DISTANCES

153. Nous rappellerons d'abord la proposition du n° 54 : *Pour que deux droites orthogonales se projettent sur un plan suivant des droites orthogonales, il faut et il suffit que l'une d'elles soit parallèle à ce plan.*

Condition pour qu'une droite et un plan soient perpendiculaire.

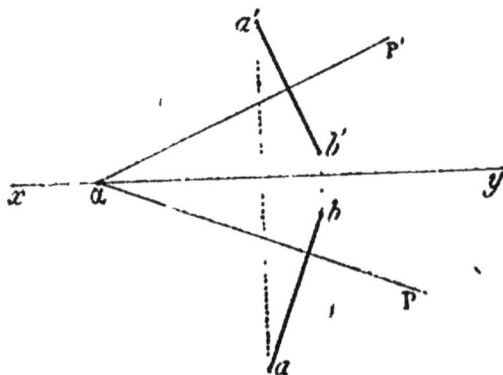

154. Théorème. — *Pour qu'une droite soit perpendiculaire à un plan IL FAUT que, sur chacun des deux plans de projection, la projection de la droite soit perpendiculaire à la direction de la trace du plan. Cette condition est suffisante, excepté lorsque la droite est de profil.*

1° La condition est nécessaire (fig. 119). En effet, si la droite AB est perpendiculaire au plan PαP'. elle est orthogonale à toute

horizontale du plan. Mais l'angle de la droite avec une de ces
horizontales, ayant un côté parallèle au plan horizontal de projection, se projette horizontalement suivant un angle droit. Donc,
sur le plan horizontal de projection, la projection *ab* de la droite
AB est orthogonale à la direction des projections des horizontales, c'est-à-dire orthogonale à la direction P'α.

De même, sur le plan vertical de projection, la droite AB a sa
projection *a'b'* orthogonale à la direction des projections des
droites de front, c'est-à-dire orthogonale à la direction P'α.

2° La condition est, *en général*, suffisante.

En effet, supposons cette condition remplie, c'est-à-dire *ab*
perpendiculaire à la direction Pα, et *a'b'* perpendiculaire à la
direction P'α.

Si, par le point A, nous imaginons une droite perpendiculaire
au plan donné, les projections de cette droite devront être
respectivement perpendiculaires aux traces du plan ; cette nouvelle
droite aura donc les mêmes projections que AB ; donc, *en
général*, elle coïncidera avec AB ; autrement dit, AB est normale
au plan.

155. Il y a exception lorsque la droite AB est de profil : dans
ce cas, la perpendiculaire au plan menée par A, quoique ayant
les mêmes projections que AB, ne coïncidera pas, en général,
avec AB. Donc la condition n'est pas suffisante si AB est de profil.

Droite perpendiculaire à un plan. — Distance d'un point à un plan.

156. Problème. — *Par un point donné, mener une perpendiculaire à un plan donné.*

Soit M le point donné (fig. 120), et SAB le plan donné représenté par deux droites quelconques. Construisons dans le plan
une horizontale AB et une ligne de front AC. La perpendiculaire
MH aura sa projection horizontale *mh* orthogonale à la projection

ab de AB, et sa projection verticale *m'h'* orthogonale à la projection *a'c'* de AC.

Dans l'épure, on a cherché le pied H de la perpendiculaire sur le plan, en employant comme plan auxiliaire le plan qui projette MH verticalement.

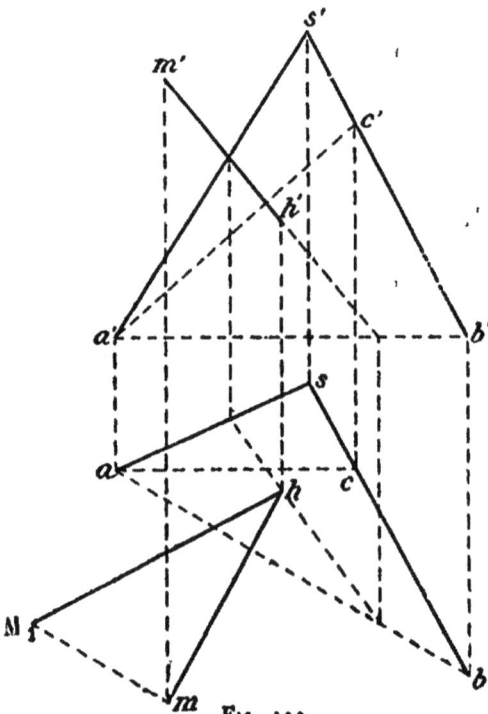

Fig. 120.

Distance du point M *au plan.* — C'est la longueur MH, dont on construit la grandeur en M₁*h*, en rabattant le plan vertical *mh* autour de l'horizontale de *h*.

157. *Autre construction.* — Le procédé précédent exige l'emploi d'une horizontale et d'une droite de front. On peut modifier ce procédé de façon à se passer d'une droite de front, et à rendre ainsi la construction indépendante du plan vertical de projection employé.

Soit toujours M le point donné (fig. 121), SAB le plan donné; et soit construite une horizontale AB de ce plan.

Le plan vertical qui projette la perpendiculaire MH en *mh* a sa trace Q perpendiculaire à *ab*. Dans ce plan Q est contenue également une droite DE du plan SAB, à laquelle MH est perpendiculaire. Ceci détermine précisément MH; car on n'aura, pour l'obtenir, qu'à mener dans le plan Q la droite MH perpendiculaire à DE.

On a fait la construction en rabattant le plan Q autour de l'horizontale du point E : la droite DE s'est rabattue en D_1e, le point m en M_1. On

n'a plus qu'à mener M_1H_1 perpendiculaire à D_1e :

1° H_1 est, en rabattement, le pied de la perpendiculaire cherchée ;

2° M_1H_1 est la *distance* du point M au plan ;

3° Si on relève H_1 en (h, h'), on aura les projections $(mh, m'h')$ de la perpendiculaire (on pourrait, d'ailleurs, rele- ver tout autre point de cette ligne).

En remarquant que la droite DE du plan SAB est une ligne de plus grande pente du

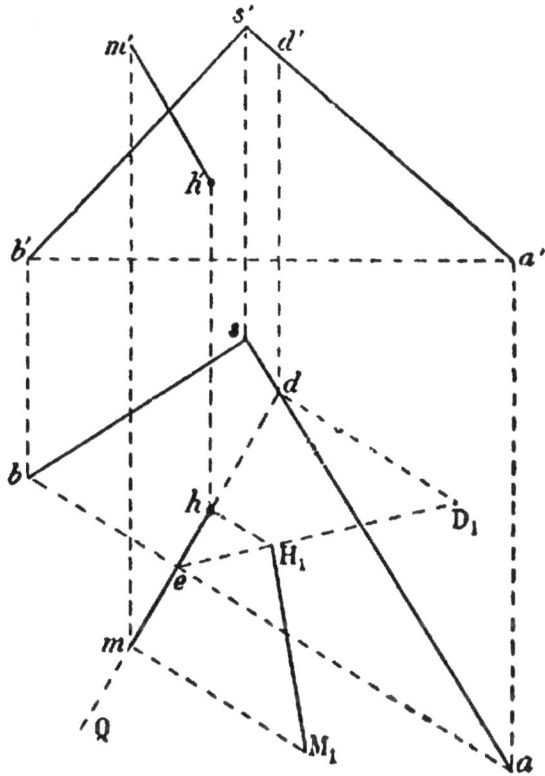

Fig. 121.

plan, on pourra constater l'analogie de cette construction avec celle qui a été exécutée en géométrie cotée (n° 58).

158. La construction du n° 156 est en défaut lorsque le plan donné est parallèle à la ligne de terre, car la perpendiculaire est alors une droite de profil, qui n'est plus déterminée par ses pro- jections.

Mais la construction du n° 157, qui est indépendante du plan vertical de projection, s'applique à ce cas.

159. APPLICATION. — *Par un point H donné dans un plan SAB, élever à ce plan une perpendiculaire de longueur donnée.*

Nous emploierons le procédé du n° 157 (fig. 121). La construction sera la même. Seulement le plan vertical Q sera mené par h, au lieu de l'être par m; dans le rabattement, la perpendiculaire $H_1 M_1$ sera construite par H_1, de telle sorte qu'elle ait la longueur donnée, ce qui détermine M_1. Il n'y a plus qu'à relever M_1 en (m, m').

Il y a une solution si on donne le sens de HM; deux solutions, si le sens de MH est laissé arbitraire.

Distance de deux plans parallèles.

160. La distance de deux plans parallèles s'obtiendra en cherchant, d'après le problème précédent, *la distance d'un point quelconque de l'un de ces plans à l'autre plan.*

161. APPLICATION. — *Construire un plan Q qui soit parallèle à un plan donné P, et qui soit à une distance donnée de ce plan P.*

Il suffira d'élever, en un point quelconque H du plan P, une perpendiculaire à ce plan; puis de prendre sur cette perpendiculaire, à partir de H, une longueur HM égale à la longueur donnée; et enfin de mener, par le point M, un plan Q parallèle au plan P.

Soit le plan P, donné par ses traces (fig. 122). Appliquant le procédé indiqué au n° 159, coupons ce plan P par un plan vertical R perpendiculaire à la trace horizontale αP : soit AB l'intersection des plans P et R.

Rabattons le plan vertical R autour de sa trace horizontale; et soit aB_1 le rabattement de AB. Si, en un point quelconque H_1 de aB_1, nous élevons la perpendiculaire $H_1 M_1$ égale à la longueur donnée, le point M_1 sera le rabattement d'un point tel que sa distance au plan P soit égale à la distance donnée. Il n'y aura plus qu'à mener, par le point M relevé, un plan QβQ' parallèle au plan PαP' (Dans l'épure, on a construit immédiatement la trace horizontale Q, par la trace c d'une droite cM_1 parallèle à aB_1, droite qui est contenue dans le plan Q_2Q'. Si c n'était pas

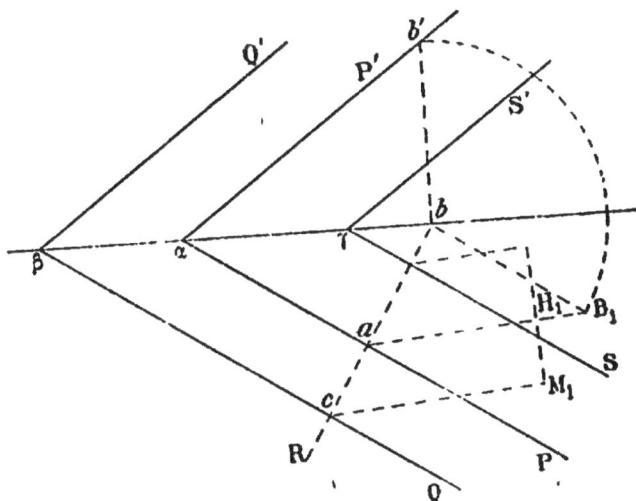

Fig. 123.

dans les limites de l'épure, on reviendrait à la construction générale indiquée au n° 134).

Si on portait la longueur donnée de l'autre côté de aB_1, on aurait une deuxième solution fournie par le plan $S\gamma S'$?

Plan perpendiculaire à une droite.

162. PROBLÈME. — *Par un point donné M mener un plan perpendiculaire à une droite donnée AB.*

On peut, par M (fig. 123), mener l'horizontale $(mc, m'c')$ du plan demandé, puisque la projection mc est orthogonale à ab; on mènera de même la ligne de front $(md, m'd')$, dont la projection verticale $m'd'$ est orthogonale à $a'b'$. Le plan demandé sera ainsi déterminé par les deux droites MC et MD.

Dans la figure on a cherché le point H où la droite AB perce le plan', en employant comme plan auxiliaire le plan vertical qui projette horizontalement AB.

163. La construction serait en défaut si AB était de profil ; car alors les deux droites MC et MD seraient confondues et ne suffi- raient pas pour déterminer le plan. Ce cas spécial sera traité dans le chapitre relatif au changement des plans de projection.

Perpendiculaire à une droite.
Distance d'un point à une droite.

164. PROBLÈME. — *Par un point donné M mener une perpen- diculaire à une droite donnée AB, et déterminer la distance du point à la droite.*

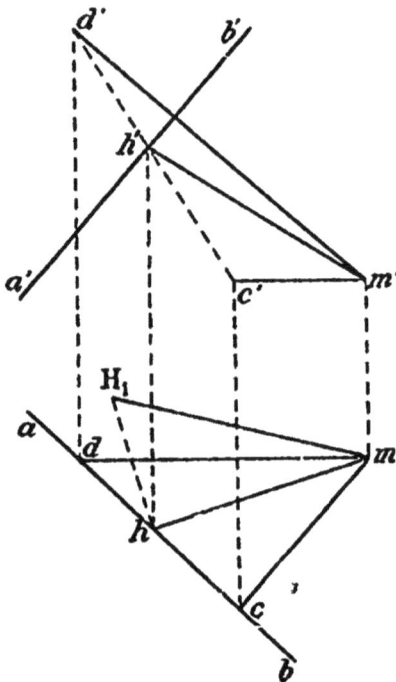

Fig. 123.

I. — On vient de con- struire, par M, un plan MCD perpendiculaire à AB (fig. 123), et qui rencontre AB au point H : la droite MH est la perpendiculaire menée par M à AB.

La *distance* du point M à AB est égale à MH, dont on a construit la grandeur $m\,H_1$ en rabattant, autour de l'horizon- tale de M, le plan vertical *mh*.

165. II. — Ce problème avait été déjà résolu au n° 151, comme exemple de la méthode des rabattements. Le procédé s'appliquerait à tous les cas, et en particulier, au cas d'une droite de profil.

Perpendiculaire commune à deux droites.
Distance de deux droites.

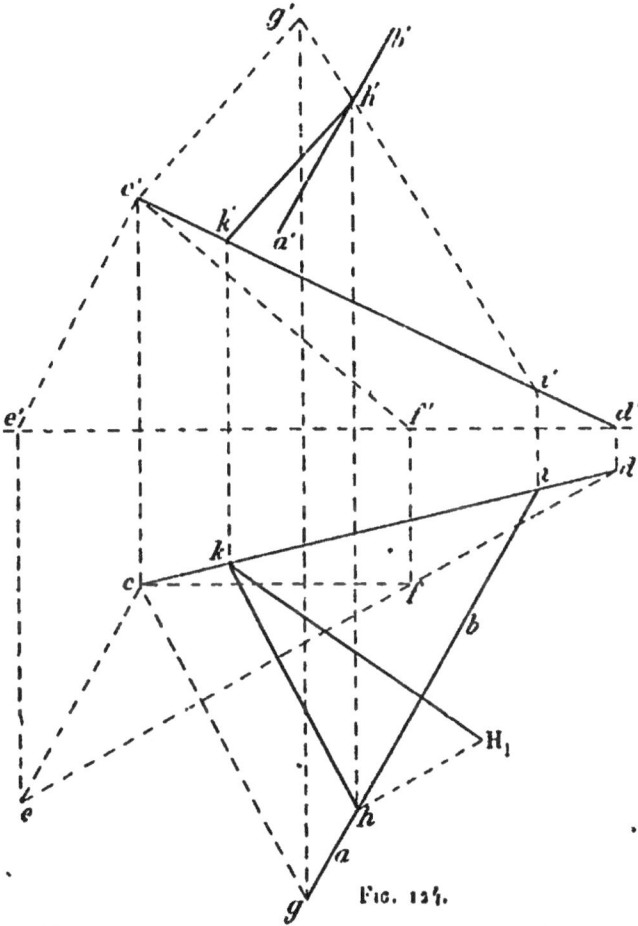

Fig. 124.

166. Problème. — *Construire la perpendiculaire commune à deux droites AB et CD.*

BERNIOLLE : *Géométrie descriptive.*   9

Comme on l'a exposé au n° 65, il y a eu lieu d'abord de déterminer la direction de la perpendiculaire commune.

Cette direction est celle de la normale à un plan défini par deux droites issues d'un même point et respectivement parallèles à AB et à CD : le plan ainsi construit (fig. 124) est le plan DCE défini par CD et par CE parallèle à AB.

La normale CG au plan DCE a été menée par le point C : sa projection cg est orthogonale à la projection de d'une horizontale du plan ; sa projection $c'g'$ est orthogonale à la projection $c'f'$ d'une droite de front du plan.

Il reste maintenant (n° 147) à tracer une droite parallèle à CG et s'appuyant sur AB et sur CD. Or le plan DCG passe par CD, et est parallèle à cette direction puisqu'il contient CG. Si on cherche le point H où AB perce ce dernier plan (au moyen du plan auxiliaire vertical ab), le point H sera le pied de la perpendiculaire commune sur AB. Il n'y a plus qu'à mener jusqu'à la rencontre de CD la droite HK parallèle à CG : cette droite HK est la perpendiculaire commune demandée.

Distances des droites AB *et* CD. — Cette distance est la longueur HK, construite en kH_1, en rabattant le plan vertical hk autour de l'horizontale du point K.

167. On fera les mêmes remarques qu'en géométrie cotée (n° 66) :

1° Si on voulait connaître seulement la grandeur de la distance des deux droites, il suffirait de construire le plan DCE et de chercher sa distance à un point de AB.

2° La direction de la perpendiculaire commune serait encore celle de l'intersection de deux plans respectivement perpendiculaires aux deux droites.

168. *Cas simple où l'une des droites est verticale.* — Comme en géométrie cotée, la question se résout directement avec une grande rapidité.

Soit (fig. 125) la droite AB quelconque, et la droite CD *verticale*. La perpendiculaire commune MN étant une horizontale, sa projection horizontale *mn* est orthogonale à *ab*; son pied N sur CD se projette d'ailleurs en *c*: la projection *mn* est donc déterminée. Une ligne de rappel donnera *m'* sur *a'b'*; le point *n'* est alors à la cote de *m'*. On a ainsi les deux projections de MN.

La grandeur de MN est évidemment *mn*.

Construction analogue si la droite CD était debout.

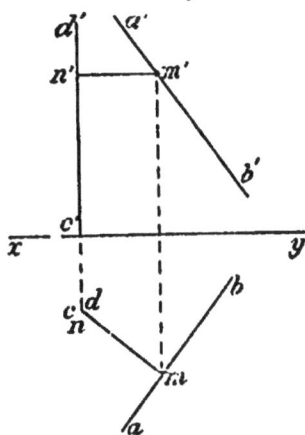

Fɪɢ. 125.

Exercices.

1. Démontrer qu'un angle est droit, si sa projection sur un plan parallèle à un de ses côtés est un angle droit.

2. Par un point donné mener une perpendiculaire à un plan vertical ou de front.

3. Par un point donné mener un plan perpendiculaire à une droite horizontale ou de front.

4. Par un point donné mener une perpendiculaire à une horizontale ou à une droite de front donnée.

5. Reconnaître si deux plans sont perpendiculaires.

6. Reconnaître si deux droites sont orthogonales.

7. Projeter une droite donnée sur un plan donné.

8. Construire le lieu des points également éloignés de trois points donnés.

9. Dans un plan donné, mener à une droite de ce plan, par un point de la droite, une perpendiculaire de longueur donnée.

10. Élever à un plan une perpendiculaire de longueur donnée, et qui ait son extrémité sur une droite donnée.

11. On donne deux droites concourantes α et β, et un point A sur α. Déterminer sur la droite α un deuxième point M qui soit à égale distance du point A et de l'autre droite β.

12. Construire à une verticale donnée une perpendiculaire de longueur donnée, et qui ait son extrémité sur une droite donnée

13. Par une droite horizontale donnée, construire un plan qui soit à une distance donnée d'un point donné.
Généraliser, en supposant la droite donnée quelconque.

14. Construire la distance d'une droite debout et d'une droite quelconque.

15. Construire la distance de deux droites dont les projections horizontales sont parallèles.

16. Construire la distance de deux droites, l'une horizontale, l'autre de front.

17. Construire une droite d'un plan donné, connaissant une projection de la perpendiculaire commune à cette droite et à une autre droite donnée.

18. Dans un plan donné et par un point donné de ce plan, tracer une droite qui soit à une distance donnée d'une verticale donnée.

19. Faire tourner un point autour d'une horizontale jusqu'à ce qu'il vienne dans un plan donné.

20. Faire tourner un plan autour d'une de ses horizontales jusqu'à ce qu'il passe par un point donné.

21. Faire tourner un point autour d'un axe donné jusqu'à ce qu'il vienne se placer dans un plan donné.

22. On donne deux sommets d'un rectangle et une projection d'un troisième. Construire ce rectangle.

23. Si les traces d'un plan sont également inclinées sur xy, ce plan est perpendiculaire au plan bissecteur de l'un des dièdres formés par les plans de projection

24 Construire un trièdre trirectangle connaissant la cote du sommet, et les projections horizontales des arêtes.

25. Un plan P étant rabattu autour d'une de ses horizontales, déterminer la nouvelle position d'un point M invariablement lié au plan.

Inversement, revenir de la nouvelle position du point M à la position primitive.

26. Construire un tétraèdre, connaissant les longueurs des six arêtes. Résoudre d'abord en plaçant la base sur un plan horizontal.

27. Construire le sommet S d'un tétraèdre SABC, connaissant : 1° la base ABC, supposée horizontale ; 2° la longueur de la hauteur ; 3° les longueurs de deux arêtes latérales.

Généraliser, en supposant le plan ABC quelconque.

CHAPITRE VII

PROBLÈMES RELATIFS AUX ANGLES

Angle de deux droites.

169. Ce problème a été résolu au n° 152, comme application de la méthode des rabattements.

Angle d'une droite avec un plan.

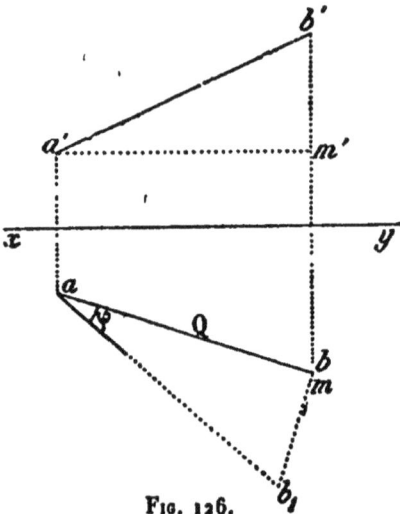

170. On répéterait ici ce qui a été dit au n° 70, en géométrie cotée.

Mais il convient de s'arrêter à un cas, d'ailleurs très simple, qui se présente constamment dans les problèmes : c'est le cas où le plan donné est l'un des plans de projection.

171. PROBLÈME. — Construire les angles d'une droite donnée AB avec les plans de projection.

I. — Soit d'abord à déterminer l'angle φ que fait la droite AB avec un plan horizontal.

Fig. 126.

Cet angle φ est l'angle de AB avec sa projection *ab* (fig. 126);
c'est-à-dire l'angle que fait AB avec la trace Q du plan vertical
qui la projette, ou encore avec *toute horizontale* (*am, a'm'*) de ce
plan. La question se ramène donc à construire l'angle de la droite
(*ab, a'b'*) et de l'horizontale (*am, a'm'*), situées dans le même
plan vertical Q.

Si on rabat ce plan vertical autour de l'horizontale, il n'y a
qu'à construire le rabattement du point B en b_1 : l'angle φ se
trouve ainsi rabattu en $\widehat{mab_1}$; cet angle est donc déterminé.

172. II. — Le procédé sera évidemment identique, pour
déterminer *l'angle* φ′
*de AB avec le plan ver-
tical de projection.*

On cherchera l'angle
de AB avec une droite
de front (*am, a'm'*) si-
tuée dans le plan Q′
qui projette AB ver-
ticalement (fig. 127).

Dans la figure, ce
plan Q′ a été rabattu
sur un plan horizon-
tal, par une rotation
autour de l'horizontale
MB : l'angle φ′, rabattu

en $\widehat{ma_1b}$, se trouve ainsi
déterminé.

REMARQUE. — Nous

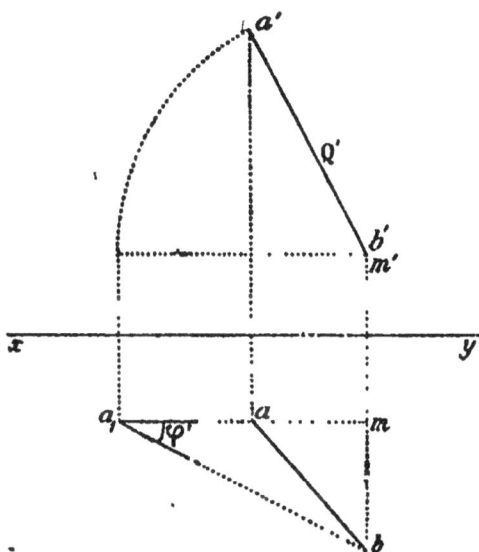

Fig. 127.

rappellerons que, dans le n° 110, on avait traité la question de
l'angle d'une droite avec un plan horizontal, pour arriver à la définition de la *pente* de la droite.

Angles de deux plans.

173. L'angle rectiligne d'un dièdre pourrait s'obtenir en cherchant l'angle formé par des droites respectivement perpendiculaires aux plans des faces de ce dièdre.

Si on employait ce procédé, on aurait à rechercher si l'angle ainsi formé est égal au rectiligne du dièdre ou à son supplément. Les constructions ne seraient, d'ailleurs, pas plus simples que pour la détermination directe du rectiligne du dièdre.

174. PROBLÈME. — *Construire les angles rectilignes des dièdres formés par deux plans.*

Étant donnés deux plans qui se coupent suivant la droite AB, les rectilignes des dièdres formés par ces plans sont les angles que forment entre elles les intersections des deux plans avec un troisième plan perpendiculaire à AB.

La résolution de la question comporte donc trois opérations : 1° construire un plan perpendiculaire à AB, quelconque ; 2° construire les droites d'intersection de ce plan avec les plans donnés ; 3° construire les angles de ces deux dernières droites.

On a appris à faire toutes ces constructions. Il est des cas où elles sont particulièrement simples : tel est le cas où l'arête des dièdres AB est *horizontale*, et où, par conséquent, un plan perpendiculaire à AB est vertical. On pourra s'exercer à exécuter les constructions dans ce cas. Nous nous bornerons ici à traiter la question dans le cas général où l'arête AB est quelconque.

175. CAS GÉNÉRAL. — Soient PαP' et QβQ' les deux plans donnés qui se coupent suivant AB (fig. 128).

1° On commencera par construire un plan perpendiculaire à AB, par un point quelconque S de AB. Ce point S étant choisi, on déterminera très commodément le plan par *la ligne de plus grande pente* qui passe par S (n° 130.)

En effet, la projection horizontale de cette ligne et celle de AB sont confondues, puisque ces deux projections sont l'une et l'autre perpendiculaires à celle d'une horizontale du plan con-

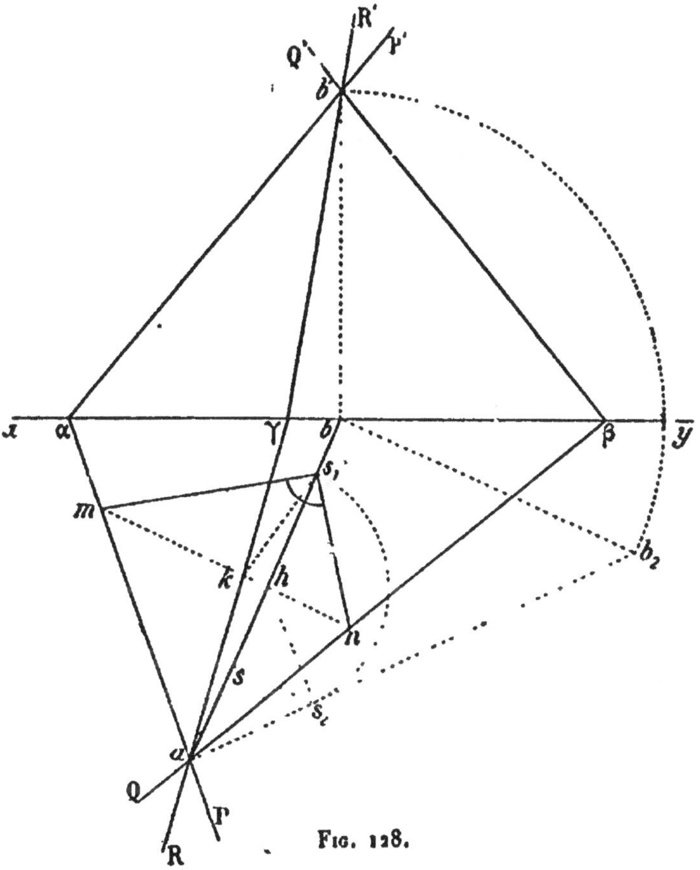

Fig. 128.

sidéré : il en résulte que, d'abord, la ligne de plus grande pente est dans le plan vertical *ab*. D'autre part, cette ligne, se trouvant dans un plan perpendiculaire à AB est aussi perpendiculaire à AB. Ces conditions déterminent la ligne de plus grande pente ; car cette ligne est ainsi perpendiculaire à AB en un point S de AB,

9.

et dans le plan vertical qui contient AB. On pourra la construire en rabattant, par exemple autour de sa trace, le plan vertical ab : la droite AB se rabat en ab_2 ; le point S en s_2, sur ab_2. La ligne de plus grande pente est donc, en rabattement, s_2h perpendiculaire à ab_2 : il suffira d'en relever un point quelconque, la ligne sera représentée par le point relevé et par le point S.

Dans l'épure, la ligne de plus grande pente est représentée par le point S, dont la cote est ss_2, et par le point h de cote zéro.

2° Le plan perpendiculaire à l'arête des dièdres étant ainsi obtenu, nous avons immédiatement son intersection avec chacun des plans donnés. La trace horizontale de ce plan, qui est la perpendiculaire menée par h à sh, coupant les traces P et Q en m et n, les intersections de ce plan avec les plans donnés sont Sm et Sn.

3° Pour connaître les angles rectilignes des dièdres, il n'y a plus qu'à rabattre autour de mn le plan Smn. La distance du point S au point h a été construite ci-dessus en s_2h : le point S se rabat donc sur sh, en un point s_1 tel que $hs_1 = hs_2$. Les angles rectilignes sont ainsi déterminés : ce sont les angles formés par s_1m et s_1n.

176. Plan bissecteur. — On peut se proposer de construire le plan bissecteur de l'un des dièdres formés par les deux plans donnés, par exemple du dièdre qui contient le point h.

Le plan bissecteur est déterminé par l'arête AB et par la bissectrice du rectiligne $\widehat{mSn}$. Cette bissectrice étant d'abord construite en rabattement, suivant s_1k, il n'y aura plus qu'à la relever.

Dans l'épure, on a déterminé la bissectrice par sa trace horizontale k, ce qui a permis de construire les traces R et R' du plan bissecteur.

REMARQUE. — Dans les rabattements ou dans la construction des intersections, on a employé les traces horizontales des plans. Il est clair qu'on emploierait de même des horizontales de cote quelconque.

177. APPLICATION. — *Par une droite* AB *d'un plan* P, *faire passer un plan* Q *qui fasse avec le plan* P *un angle donné.*

La solution de cette question est fournie par la construction précédente (fig. 128).

On prendra comme inconnue le point *n* où le plan perpendiculaire à AB, au point S, rencontre la trace Q du plan demandé.

On remarquera qu'avec les *éléments donnés*, on peut construire la ligne de plus grande pente S*h*, puis l'intersection S*m*, et enfin le rabattement *hms*$_1$.

Alors comme s_1n doit faire avec s_1m un angle égal au rectiligne du dièdre donné, on tracera s_1n satisfaisant à cette condition. Le plan demandé QβQ' pourra être ainsi déterminé par ses traces.

Le problème admet deux solutions, si on n'a pas indiqué la direction des faces du dièdre ; une solution, dans le cas contraire.

178. PROBLÈME. — *Construire les angles d'un plan avec les plans de projection.*

Le problème de la détermination des angles que fait un plan avec les plans de projections est contenu dans le problème général qui vient d'être traité, concernant les angles de deux plans quelconques.

Toutefois, comme dans les épures, on a très souvent à considérer les angles d'un plan avec les plans de projection, il est bon d'apprendre à faire sans hésitation les constructions relatives à ce cas, d'autant plus que ces constructions sont extrêmement simples.

Soit un plan PαP' défini par ses traces.

I. — Pour obtenir le rectiligne de *l'un des dièdres formés par ce plan avec le plan horizontal de projection* H, on coupera le dièdre par un plan perpendiculaire à l'arête Pα (fig. 129). Ce plan sécant est un plan vertical RR' : son intersection avec le plan H est la trace R, son intersection avec le plan donné est la droite ($ab, a'b'$). L'angle formé par ces deux intersections est l'angle rectiligne du dièdre. Pour en déterminer la grandeur, on rabattra autour de

Fia. 129.

sa trace R, le plan vertical qui les contient : on obtient ainsi l'angle cherché φ, rabattu en $\widehat{bab_1}$.

179. On peut se proposer de construire *le plan bissecteur* du dièdre.

Ce plan est déterminé par la trace P, arête du dièdre, et par la bissectrice de l'angle rectiligne φ. Cette bissectrice étant con-struite en rabattement suivant af_1, il n'y aura qu'à la relever. Dans la figure, on a construit la trace verticale f' de la bissectrice : en joignant af', on aura ainsi la trace verticale Q' du plan bis-secteur. La trace horizontale Q de ce plan est, d'ailleurs, confondue avec P : le plan bissecteur se trouve alors représenté par ses traces.

180. II. — On construira d'une façon analogue *l'angle φ' que fait le plan* PαP' *avec le plan vertical de projection* V (fig. 130).

Le plan RR', perpendiculaire à l'arête P'α du dièdre, coupe le plan V suivant la trace R', et le plan donné suivant la droite (*cd,c'd'*). Ce plan sécant, qui est un plan perpendiculaire au plan V, étant rabattu autour de la trace R sur le plan horizontal de projection, l'angle formé par les deux droites précédentes est rabattu en $\widehat{c'd_1c}$: c'est l'angle φ' cherché.

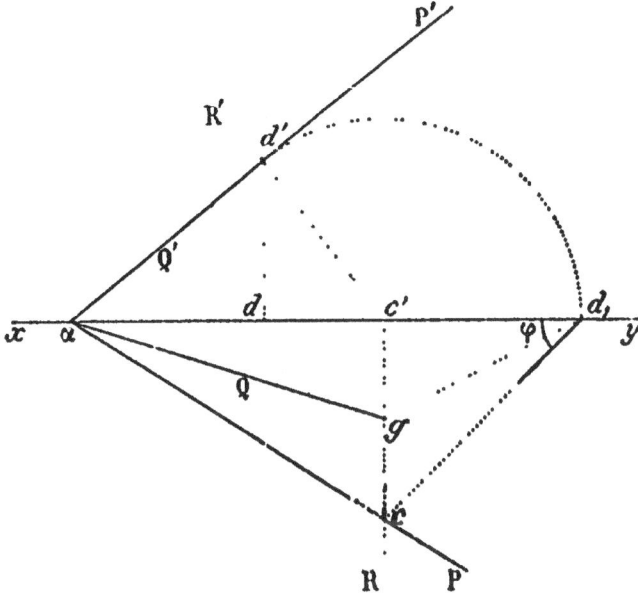

Fig. 130.

Le plan *bissecteur* du dièdre a sa trace verticale Q' confondue avec P" : sa trace horizontale Q s'obtient en joignant le point x à la trace g de la bissectrice de l'angle φ' rabattu.

Exercices.

1. Construire l'angle de deux droites contenues dans des plans verticaux parallèles.

2. Construire l'angle de deux droites de profil.

3. Déterminer l'angle que fait avec le plan horizontal un plan perpendiculaire au plan vertical de projection.

4. Déterminer l'angle d'un plan vertical avec le plan vertical de projection.

Déterminer l'angle de deux plans verticaux quelconques.

5. Effectuer la construction de l'angle de deux plans, lorsque l'intersection de ces plans est une horizontale ou une droite de front.

6. Par un point donné, construire une droite qui soit parallèle à un plan vertical donné, et qui fasse un angle donné avec un autre plan vertical donné.

7. Déterminer, sur une verticale donnée, un point d'où l'on voie un segment horizontal donné sous un angle donné.

8. On donne la base ABC d'un tétraèdre, située dans un plan horizontal. Déterminer le sommet S du tétraèdre, connaissant le dièdre AB, l'angle $\widehat{ASB}$, et la longueur de la hauteur.

— Généraliser en supposant quelconque le plan ABC.

9. Par une droite donnée, faire passer un plan dont les traces fassent avec cette droite des angles égaux.

10. Les traces d'un plan font avec la ligne de terre des angles α et α'. Exprimer *trigonométriquement* en fonction de α et de α' :

1° L'angle du plan avec le plan horizontal ;

2° L'angle du plan avec la ligne de terre.

11. Un plan vertical P fait un angle α avec le plan vertical de projection. Un plan debout Q fait un angle α' avec le plan horizontal. Exprimer l'angle de deux plans en fonction de α et de α'.

12. Un plan est parallèle à xy, et les distances de ses traces à xy sont dans le rapport donné k. Calculer en fonction de k, l'angle du plan avec le plan horizontal.

CHAPITRE VIII

REPRÉSENTATION DES POLYÈDRES
SECTIONS PLANES
OMBRES

Conventions relatives au tracé des lignes dans les épures.

181. Les conventions posées en géométrie cotée, relativement à la *ponctuation* (n° 76), subsistent ici.

Il convient seulement d'ajouter quelques mots concernant la distinction des parties vues et des parties cachées, quand on emploie deux plans de projection.

Les plans de projection étant regardés comme opaques, et l'observateur étant supposé placé dans le 1er dièdre, peuvent seuls être vus les points situés dans ce 1er dièdre.

Pour la projection horizontale, l'observateur est censé regarder le corps en s'éloignant à l'infini perpendiculairement au plan horizontal : un point est alors marqué comme vu si le rayon visuel correspondant à ce point ne traverse pas le corps, comme caché dans le cas contraire.

Même convention pour la projection verticale, l'observateur étant alors supposé s'éloigner à l'infini perpendiculairement au plan vertical de projection.

Représentation des polyèdres.

182. On se reportera à ce qui a été dit en géométrie cotée (n° 77). Mais de même qu'on a considéré le *contour apparent horizontal*, on aura à considérer, d'une façon analogue, le *contour apparent vertical*.

Nous traiterons encore ici quelques exemples relatifs à la construction des polyèdres.

183. PROBLÈME. — *Représenter un tétraèdre régulier SABC reposant par la face ABC sur un plan horizontal.*

Ce problème a été traité en géométrie cotée (n° 78). La construction sera ici la même (fig. 131).

La base ABC, qui est un triangle équilatéral de côté donné, étant horizontale, se projette horizontalement suivant un triangle égal *abc*.

Le sommet S se projette en *s*, centre du triangle *abc*. Pour obtenir la cote, on considère l'arête SA+.si on rabat le plan vertical *sa* autour de l'horizontale du point *a*, on saura construire le rabattemènt S_1 de S, puisque $aS_1 = ab$. On aura ainsi la cote sS_1 du point S au-dessus du plan ABC.

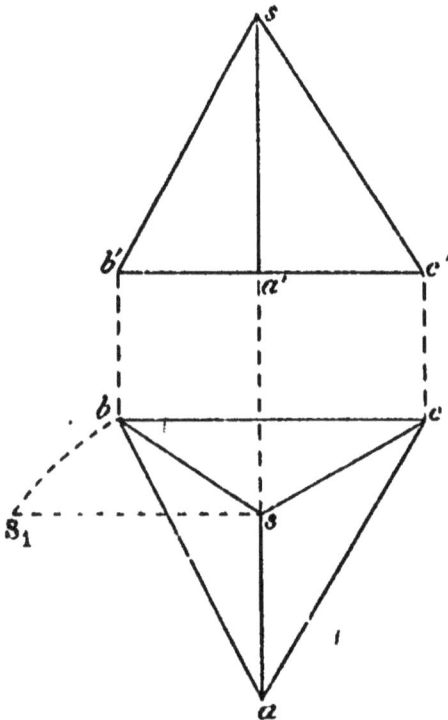

Fig. 131.

La projection verticale du tétraèdre s'en déduit immédiatement.

Toutes les arêtes sont vues sur les deux plans de projection.

184. PROBLÈME. — *Construire un tétraèdre SABC, dont la base*
ABC *est horizontale,*
connaissant : 1° *les*
trois côtés du triangle
ABC ; 2° *les lon-*
gueurs des arêtes SA
et SB ; 3° *l'angle*
SBC.

Le triangle ABC,
horizontal, et dont
on connaît les trois
côtés, se construit
immédiatement en
projection horizon-
tale. Il s'agit alors
de déterminer le
sommet S (fig. 132).

On peut cons-
truire le rabatte-
ment du triangle
SAB autour de AB,
puisqu'on en con-
naît les trois côtés :
soit S₁ le rabatte-
ment de S.

De même, on peut
construire le rabat-
tement du triangle

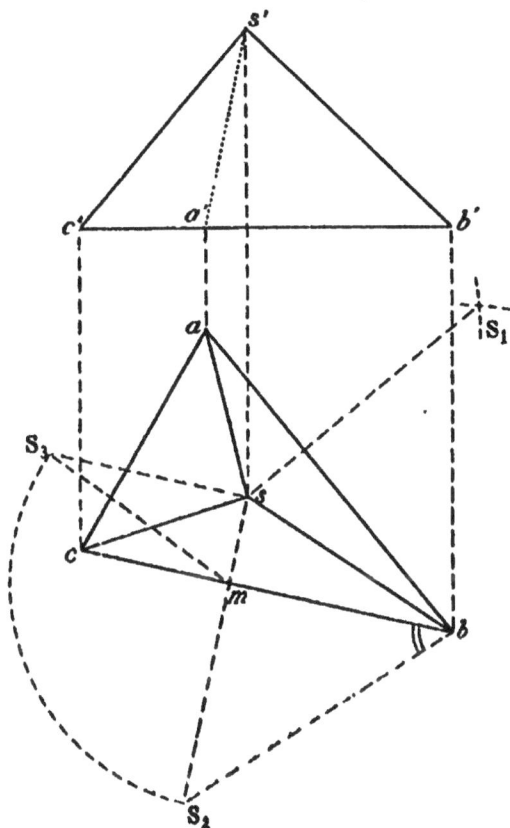

Fig. 132.

SBC autour de BC, puisqu'on connaît deux côtés du triangle et
l'angle compris entre ces deux côtés : soit S₂ le rabattement de S.

La projection horizontale *s* d'un point rabattu en S₁ est sur
une perpendiculaire menée par S₁ à *ab*. De même la projection
horizontale *s* d'un point rabattu en S₂ se trouve sur une perpen-

diculaire menée par S_2 à bc. La projection s est donc à l'intersection de ces deux perpendiculaires.

Il reste à trouver la cote de S au-dessus du plan ABC. Considérons le triangle rectangle msS_2 qui servirait à rabattre le point s en S_2 si on connaissait la cote : on peut construire ce triangle, puisqu'on en connaît le côté sm et l'hypoténuse mS_2 égale mS_2. Ceci donne précisément la cote inconnue sS_2.

La projection verticale du tétraèdre s'obtiendra alors immédiatement.

Ponctuation. — Toutes les arêtes sont vues en projection horizontale.

En projection verticale, $s'a'$ est cachée.

Le contour apparent est abc sur le plan horizontal, $s'c'b'$ sur le plan vertical.

185. Problème. — *On donne, dans le plan horizontal de projection, la droite* αP *faisant avec* xy *un angle de* 60°. *Cette droite* αP *est la trace horizontale d'un plan dont la partie supérieure forme avec le demi-plan horizontal* Pαx *un angle dièdre de* 50°. *Dans le plan ainsi déterminé, on construit un triangle isocèle* ABC: *la base* BC *est sur* αP *et a pour longueur* 2°,8 (*le point* B *ayant pour éloignement* 2^{cm},2); *le sommet* A *a pour cote* 1^{cm},8.

Le triangle ABC est la base d'un prisme droit situé au-dessus du plan horizontal de projection, et dont la hauteur est égale à 4^{cm},7.

Représenter ce prisme (fig. 133).

Le plan vertical perpendiculaire au milieu h de bc contient le sommet A et l'arête latérale AD. Si on rabat ce plan vertical autour de sa trace, la droite AH, qui est une ligne de plus grande pente du plan ABC, se rabat suivant hA_1 faisant avec ha un angle de 50° : et sur hA_1, le point A_1 doit être à 1^{cm},8 de distance de ha. Ceci détermine A_1, et par suite a et a'.

Quant à l'arête AD, son rabattement est perpendiculaire à hA_1, et a pour longueur 4^{cm},7 : D_1 est donc déterminé. Il n'y a qu'à relever D_1 en (d, d'), et à achever la base supérieure du prisme. Le prisme se trouve construit.

Ponctuation. — En projection horizontale, l'arête *bc* est seule

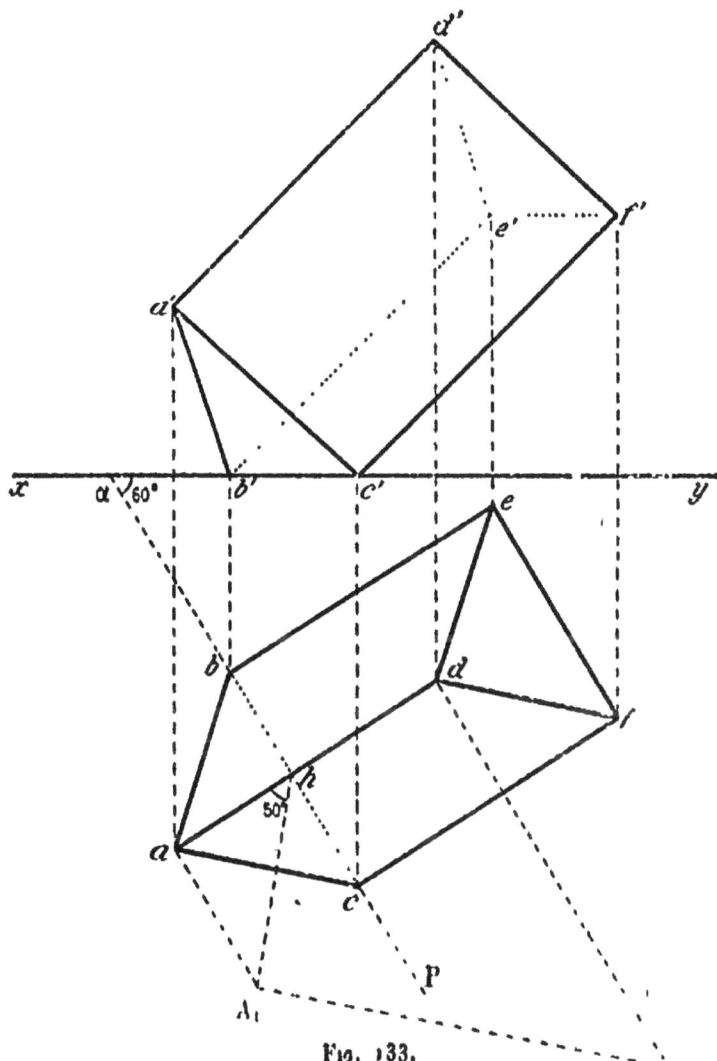

Fig. 133.

cachée. En projection verticale, les trois arètes issues du sommet *e'* sont cachées, les autres sont vues.

Le contour apparent sur le plan horizontal est *abefca*.

Le contour apparent sur le plan vertical est *a'd'f'c'b'a'*.

186. Problème. — *Construire un cube dont une diagonale est*

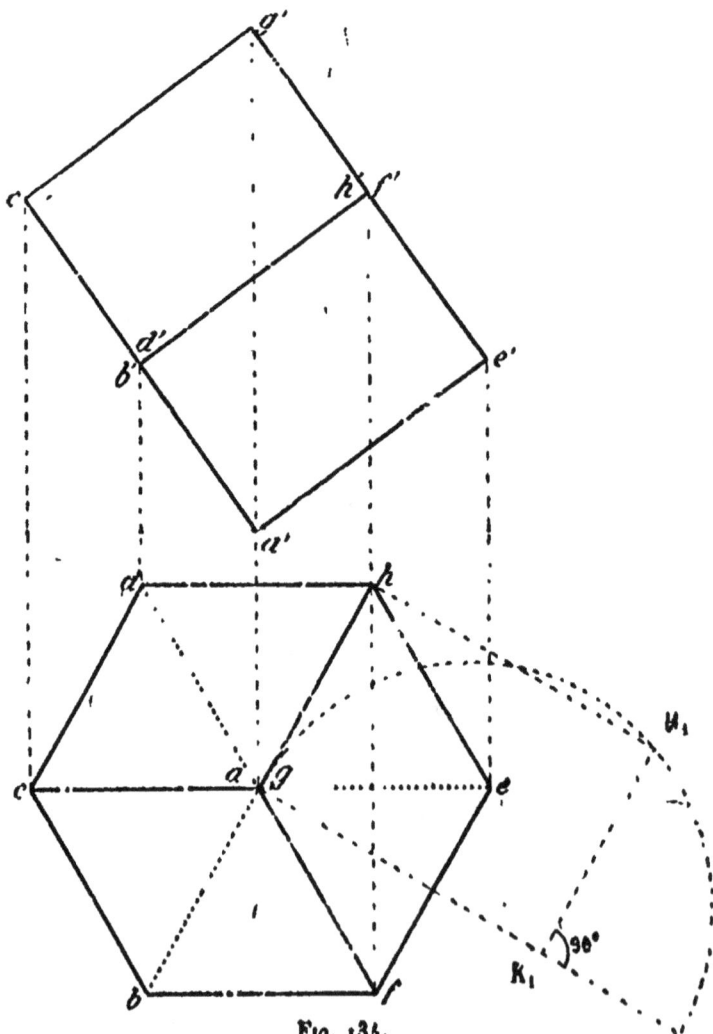

Fig. 134.

verticale et de longueur donnée.

Soit ABCD. EFGH un cube dont la diagonale AG est verticale et a pour longueur 6.

Ce solide a été construit en géométrie cotée (n° 82). Rien à changer pour la construction de la projection horizontale et la détermination des cotes. Il n'y a qu'à remplacer les cotes numériques par des projections verticales (fig. 134).

En projection horizontale, les arêtes issues de A sont cachées.

En projection verticale, BF et DH, qui ont leurs projections confondues, sont l'une vue, l'autre cachée : on ne trace alors que le trait plein.

Section plane d'un polyèdre.

187. Ainsi qu'on l'a exposé en géométrie cotée (n° 83), la section est un polygone dont les sommets sont aux points où les arêtes du polyèdre percent le plan sécant, et dont les côtés sont les intersections du plan sécant avec les plans des faces du polyèdre, ces intersections étant limitées aux faces.

Le plus souvent, il conviendra de déterminer les côtés de la section. Mais il pourra être utile également de chercher directement des sommets du polygone, comme aussi de combiner les deux modes de construction.

Nous traiterons seulement quelques exemples simples, dans lesquels nous indiquerons les procédés les plus usuels.

188. PROBLÈME. *Construire l'intersection de la pyramide triangulaire SABCD avec le plan de bout PxP' (fig. 135).*

Ici on connaît immédiatement les sommets de la section MNQR : ce sont les points où le plan sécant coupe les arêtes AC, BC, SB, SA (n° 141).

Le solide étant supposé opaque, les côtés *mn* et *nq* de la projection horizontale, qui se trouvent sur des faces vues, sont vus ; les côtés *qr* et *rm*, situés sur des faces cachées, sont eux-mêmes cachés.

Quant à la projection verticale, elle se trouve tout entière sur la trace verticale du plan sécant ; les côtés vus et les côtés cachés ont des projections confondues : on ne trace alors que le trait plein figurant la partie vue.

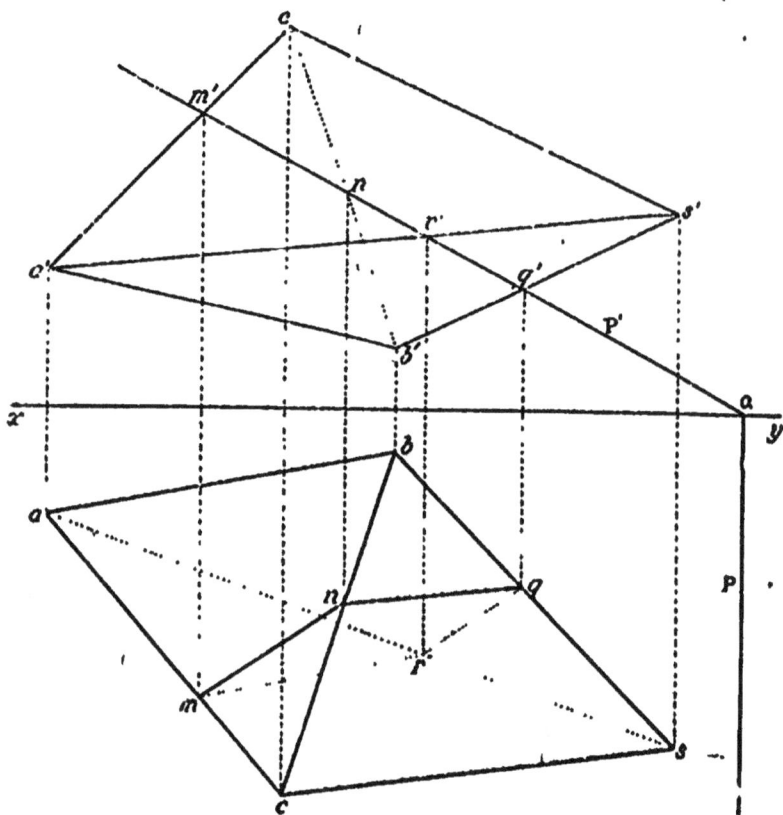

Fig. 135.

REMARQUE. Le cas précédent, où le plan sécant est perpendiculaire à l'un des plans de projection, est particulièrement simple. On verra plus tard comment le cas général pourrait être ramené à celui-ci : en effet, on apprendra, dans la théorie des changements de plans, à rendre un plan quelconque perpendiculaire à l'un des plans de projection.

189. PROBLÈME. *On donne la pyramide SABC reposant par sa*

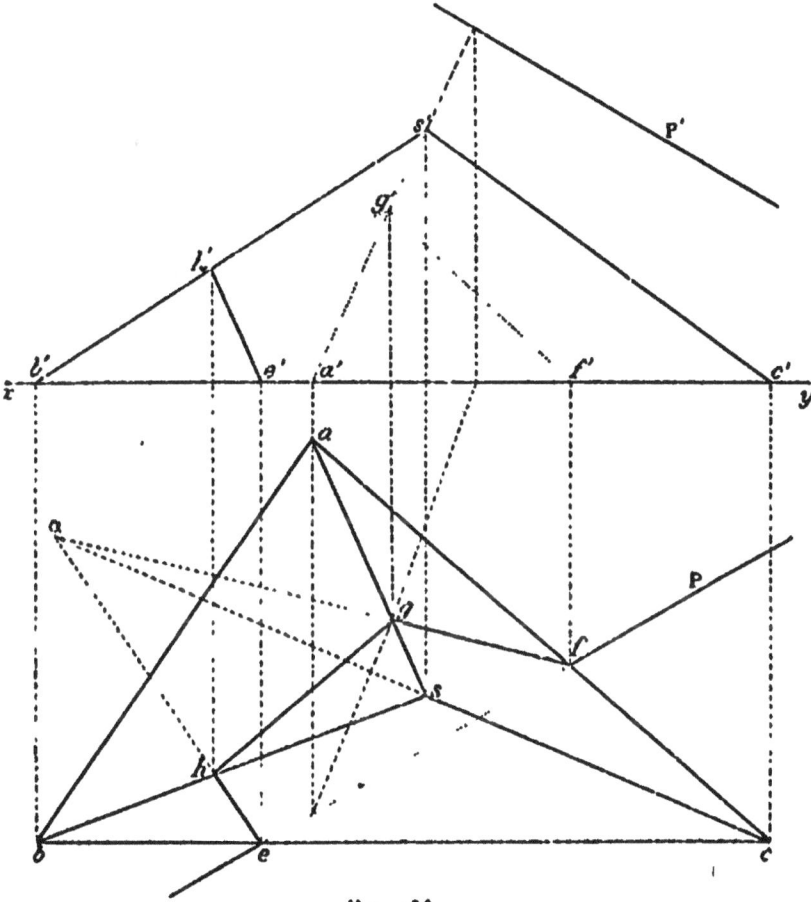

FIG. 136.

base ABC sur le plan horizontal. Couper cette pyramide par le plan dont les traces sont P et P′ (fig. 136).

Le segment *ef*, intercepté par la base ABC sur la trace P du plan, est un premier côté de la section.

La face SAC, contenant le sommet *f* de la section, est rencontrée par le plan. Nous obtenons un deuxième point sur cette face en cherchant le point *g* où l'arête *sa* perce le plan sécant : *fg* est l'intersection du plan P avec la face *sac*.

De même, le sommet *e* étant sur la face *sbc*, cette face est rencontrée par le plan P. Nous pouvons trouver un autre point sur cette face par le procédé suivant, qu'il est bon de savoir utiliser. La droite *fg*, intersection du plan P avec le plan SAC, rencontre au point α l'arête SC ; ce point α, situé sur l'arête SC, est aussi un point commun au plan P et au plan SBC : donc *e*α est l'intersection du plan P et du plan SBC. la partie utile est *eh*, limitée à l'arête *sb*.

Les points *h* et *g* étant sur la même face *sab*, la droite *gh* est l'intersection du plan sécant avec la face *sab*.

On a ainsi toute l'intersection *efgh* en projection horizontale. Des lignes de rappel donnent la projection verticale *e'f'g'h'*.

En projection horizontale, la pyramide étant supposée opaque, le côté *ef* est seul caché. En projection verticale, les côtés *g'f'* et *g'h'*, issus d'une arête cachée, se trouvent eux-mêmes cachés ; les autres côtés sont vus.

190. Problème. *Un prisme repose par sa base sur le plan horizontal de projection. Cette base est un trapèze* ABCD, *dans lequel les côtés parallèles sont* BC *et* AD. *Les arêtes latérales ont pour direction* AZ.

Couper ce prisme par le plan PP' (fig. 137).

Nous avons d'abord cherché le point (*e*,*e'*) où la droite AZ perce le plan sécant (en prenant pour plan auxiliaire le plan vertical qui projette la droite horizontalement).

Ce point *e* est un point de la section faite par le plan P dans la face du prisme menée suivant *ad*. Pour en avoir un autre point, nous pouvons employer un plan auxiliaire horizontal *m'n'* mené par le point (*m*, *m'*) de l'arête AZ. Ce plan auxiliaire coupe

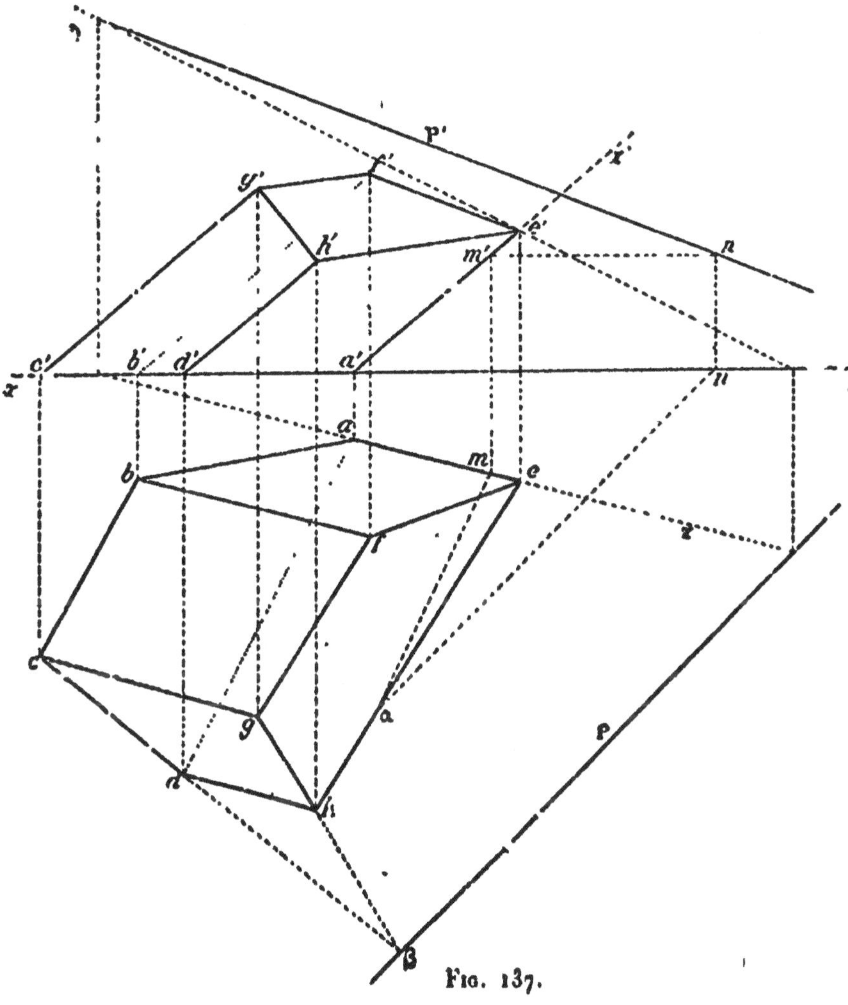

Fig. 137.

le plan P suivant l'horizontale *n*x, 'et le plan de la face suivant *m*x parallèle à *ad* : le point x commun à ces deux droites est le

point cherché. L'intersection du point P avec la face est donc *ex* :
la partie utile est *eh*, limitée à l'arête issue de *d*.

On passe alors au côté de l'intersection qui est sur la face menée
suivant *cd*. Le point *h* est sur ce côté ; de même le point β commun à la trace P et à la trace du plan de la face : l'intersection
est donc β*h* ; la partie utile est *hg*, limitée à l'arête issue de *c*.

De *g* part l'intersection du plan P avec la face menée suivant
cb. Or cette intersection est parallèle à *eh*, puisque les faces menées
suivant *ad* et suivant *bc* sont parallèles : la partie utile est *gf*,
limitée à l'arête issue de *b*.

En joignant *fe* on aura le côté qui est sur la face menée suivant *ba*.

On a ainsi toute la section *efgh*.

Des lignes de rappel donnent sa projection verticale *e'f'g'h'*.

On a représenté le tronc de prisme compris entre la base et la
section, le solide étant supposé opaque.

Intersection d'une droite et de la surface d'un polyèdre.

191. Pour déterminer les points où un droite Δ traverse la
surface d'un polyèdre, il suffira de couper le polyèdre par un
plan contenant Δ, et de prendre les points communs à Δ et au
polygone d'intersection ainsi obtenu.

Le plan auxiliaire mené par Δ peut, en principe, être quelconque. Le plus commode, dans le cas général, sera le plan vertical qui projette Δ. Dans le cas du prisme ou de la pyramide,
on choisit, comme nous allons le voir, des plans particuliers.

192. PROBLÈME. — *Construire les points communs à une droite*
Δ *et à la surface d'un prisme.*

Le plan auxiliaire qui convient le mieux est un plan passant
par Δ et parallèle à l'arête du prisme ; car ce plan coupant les
faces latérales suivant des parallèles à l'arête, son intersection
avec le prisme s'obtiendra facilement.

Soit (fig. 138) le prisme qui a pour base le triangle horizontal ABC, et pour arête AZ ; et soit FG la droite donnée.

Par un point G de FG menons GH parallèle à l'arête : GH et

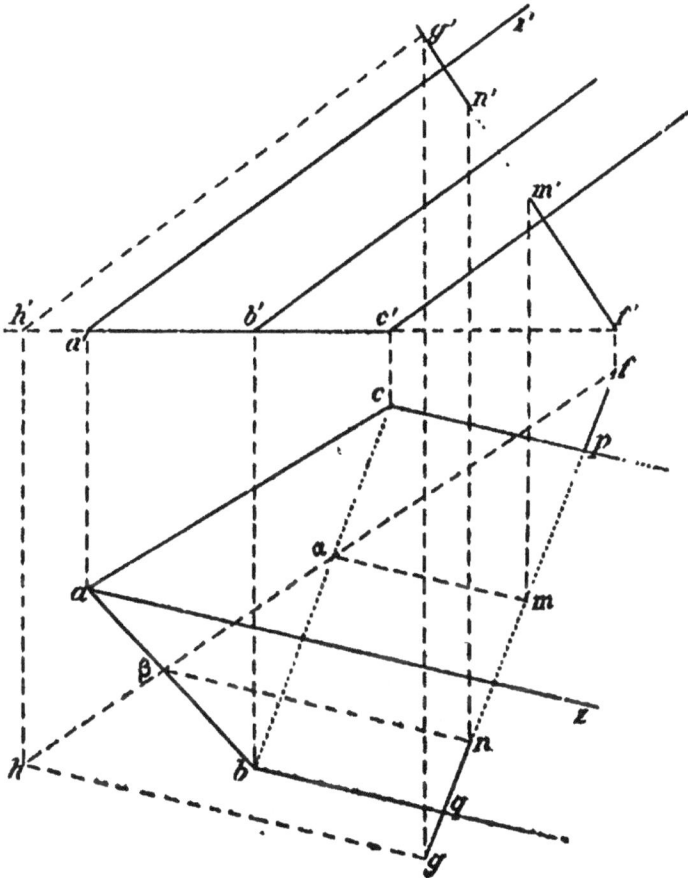

Fio. 138.

FG déterminent un plan, qui coupera les faces du prisme suivant des parallèles à l'arête. Ce plan coupe le plan de base suivant FH (F et H étant les points des droites GH et GF qui sont dans le plan horizontal ABC). En projection horizontale, *fh* ren-

contre en α et β les côtés de *abc*; par suite le plan auxiliaire
coupe les faces latérales suivant des parallèles à *az* menées par α
et par β: les points *m* et *n* où ces dernières droites rencontrent
fg sont les points où *fg* traverse le prisme. Des lignes de rappel
donnent sur *f'g'* les projections verticales correspondantes *m'*
et *n'*.

Ponctuation. — Le prisme étant supposé opaque, le segment
MN est caché, puisqu'il est contenu dans le prisme: *mn* et *m'n'*
seront donc tracées en ponctué.

De plus, en projection horizontale, le segment *mp*, quoique
extérieur au prisme, est aussi caché; car ce segment, sortant du
prisme par une face cachée, est situé au-dessous du prisme.

En projection verticale, le prisme ne cache pas d'autre partie
que le segment *m'n'*.

Remarque. — Si le prisme est convexe, il ne peut pas y avoir
plus de deux points d'intersection.

D'autre part, quand le prisme, au lieu d'être indéfini, est
limité par une ou deux bases, des points d'intersection peuvent
être sur ces bases.

193. Problème. — *Construire les points communs à une droite* Δ
et à la surface d'une pyramide.

Le plan auxiliaire qui convient le mieux est un plan passant
par Δ et par le sommet de la pyramide. Car ce plan coupe les
faces latérales suivant des droites qui passent par le sommet, et
qui s'obtiendront alors facilement.

Soit (fig. 139) SABC la pyramide, dont la base ABC repose
sur un plan horizontal; et soit FG la droite donnée.

Coupons la pyramide par le plan auxiliaire SFG. Ce plan
coupe le plan de base ABC suivant III (les points H et I étant
les points où les droites SF et SG traversent ce plan de base). En
projection horizontale *hi* rencontre en α et β les côtés de *abc*;
par suite le plan auxiliaire coupe les faces latérales suivant *s*α
et *s*β: les points *m* et *n* où ces dernières droites rencontrent *fg*
sont les points où *fg* traverse la pyramide.

Des lignes de rappel donnent les projections verticales correspondantes *m'* et *n'*.

Ponctuation. — Si la pyramide est opaque, le segment MN,

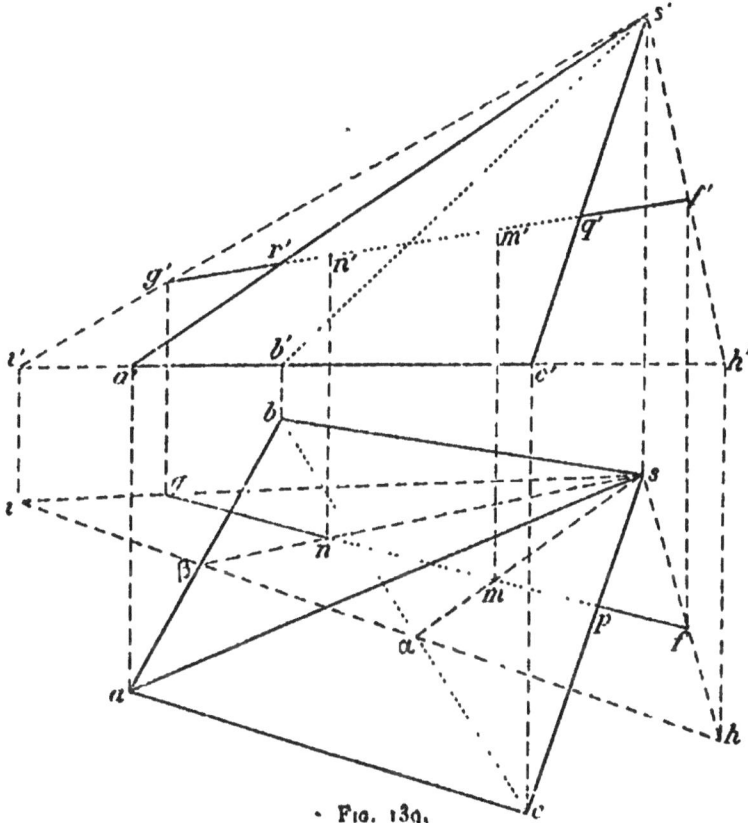

· Fig. 139.

intérieur à la pyramide, est caché en projection horizontale et
en projection verticale.

De plus, en projection horizontale, le segment *mp*, sortant de
la pyramide par une face cachée, est situé au-dessous de la pyramide, et par suite est caché.

10.

En projection verticale, les points m' et n' étant sur des faces cachées, tout le segment $q'r'$ compris dans le contour apparent est caché.

Même remarque que pour le prisme.

Questions d'ombres.

194. La théorie des ombres a été exposée en géométrie cotée (n° 89).

Nous traiterons ici des exemples analogues,

195. PROBLÈME. — *Soit le tétraèdre* ABCD. *Construire l'ombre propre de ce tétraèdre, et l'ombre portée sur le plan horizontal de projection; les rayons étant parallèles à la direction* Δ.

(Exemple traité en géométrie cotée, n° 91.)

Le prisme d'ombre (fig. 140) a pour base, sur le plan horizontal, le triangle *dgh*.

1° *Ombre propre.* — Le sommet C est dans le prisme d'ombre : les trois faces qui concourent en C sont dans l'ombre. La face ABD est seule éclairée. La séparatrice est le contour ABD.

Parmi les faces non éclairées, ABC sera seule teintée en projection horizontale, parce qu'elle est seule vue. En projection verticale, les faces ABC et BCD, qui sont vues, seront teintées.

2° *Ombre portée sur le plan horizontal.* — Elle est comprise dans le triangle *dgh*, dont on teintera la partie vue *mhgñcm*, extérieure au contour apparent.

196. PROBLÈME. — *Soit le prisme* ABCDEF, *et soit* P *un foyer lumineux. Construire l'ombre propre du prisme et l'ombre portée sur le plan horizontal de projection.*

(Exemple traité en géométrie cotée, n° 92.)

La pyramide d'ombre a pour base, dans le plan horizontal de projection (fig. 141) le polygone *abkhg*.

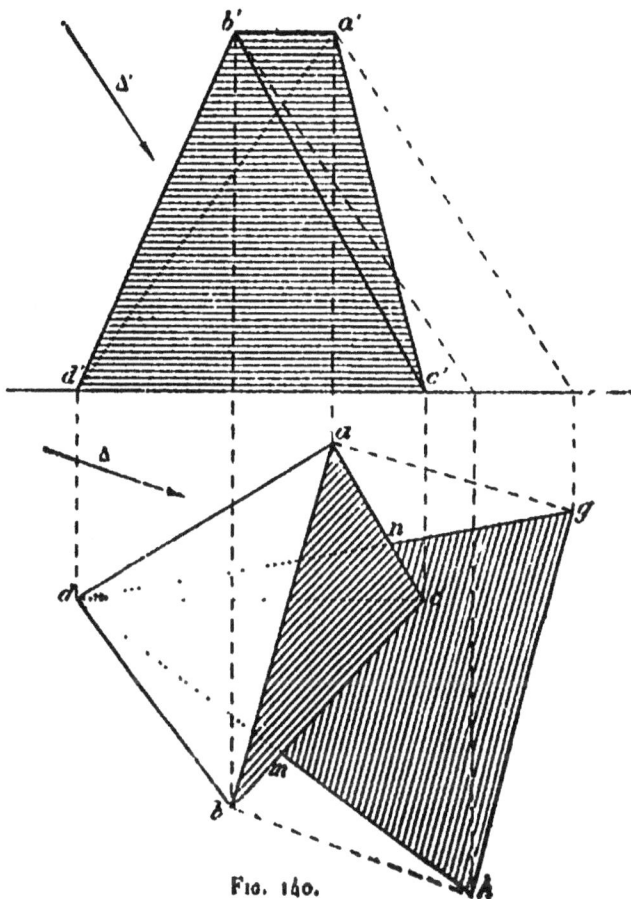

Fig. 140.

1° *Ombre propre.* — Le sommet C étant dans la pyramide d'ombre, les trois faces qui concourent en C sont dans l'ombre. Les deux autres faces sont éclairées.

La séparatrice est le contour ABEFDA.

En projection horizontale, la face adfc, seule vue, sera seule teintée.

En projection verticale, les faces $c'a'd'f'$ et $c'b'e'f'$, qui sont vues, doivent être teintées.

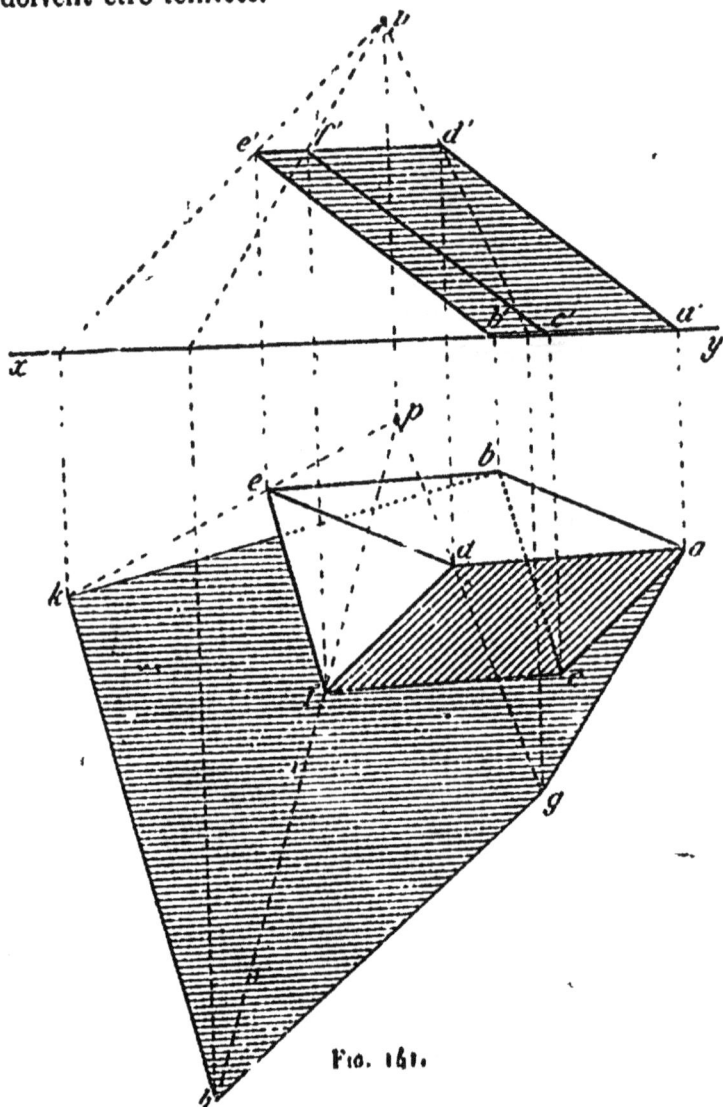

Fig. 141.

2° *Ombre portée.* — Elle est comprise dans le polygone $abkhga$, dont on teintera la partie extérieure au contour apparent du prisme.

197. Problème. — *Soit le tétraèdre SABC, et un foyer lumi-*

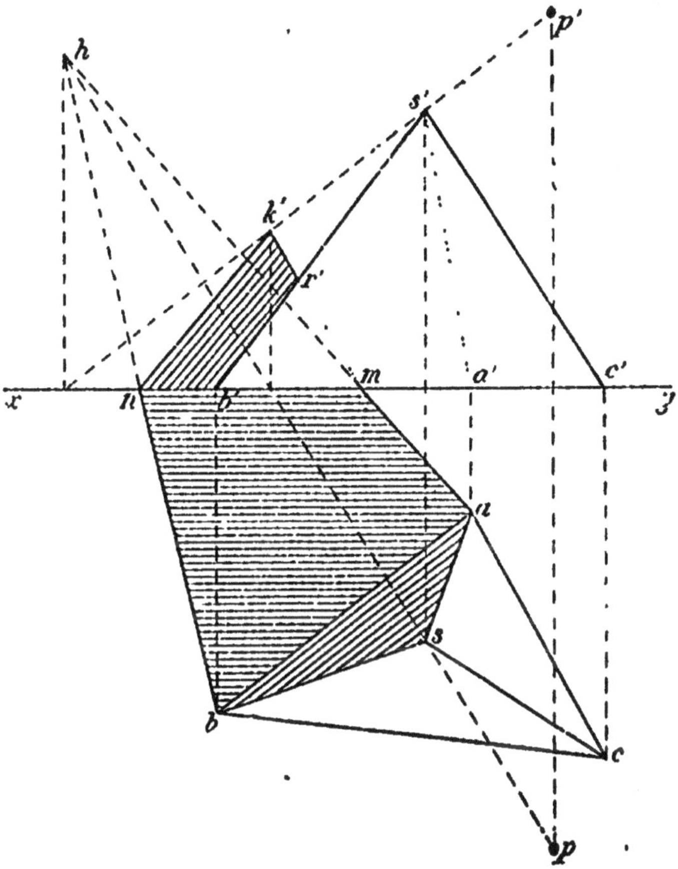

Fig. 142.

neux P. Construire l'ombre propre du solide, et les ombres portées sur les deux plans de projection (fig. 142).

La pyramide d'ombre a pour base, sur le plan horizontal de projection, le quadrilatère *hbca*.

1° *Ombre propre.* — Aucun des sommets du solide SABC ne se trouve dans l'ombre : il y a au moins deux faces éclairées, car s'il y avait trois faces non éclairées, le sommet commun à ces trois faces serait dans l'ombre.

La face SAB est dans l'ombre. En effet, les rayons qui frappent les faces SBC et SCA au-dessous de SB ou de SC sont interceptés par ces faces ; les rayons qui effleurent les arêtes SB et SC tombent sur le plan horizontal de projection le long des lignes *bh* et *ah* ; les rayons qui passent au-dessus de SB ou de SC tombent sur le plan horizontal à l'extérieur du triangle *bah*, et par suite passent par-dessus la face SAB. Il ne parvient donc aucun rayon sur la face SAB.

La base ABC est évidemment dans l'ombre, car les rayons qui pourraient y parvenir sont arrêtés par les faces latérales.

La face SCA est éclairée. Car l'ombre portée par la face SBC est limitée à droite par le plan SC*h*, or le plan SCA est au delà de ce dernier plan.

De même SBC est éclairée.

En projection horizontale, la face SAB, qui est vue, sera teintée ; la face ABC, qui est cachée, ne sera pas teintée.

En projection verticale, la face SAB, qui est cachée, ne sera pas teintée. Quant à la face ABC, sa projection se réduit à une droite.

Ombre portée sur le plan horizontal. — Elle est comprise dans le polygone *acbh*. Mais, à cause de l'existence du plan vertical supposé opaque, on n'en retient que la partie située dans le 1ᵉʳ dièdre. De plus, on ne teintera que la partie vue de l'ombre, c'est-à-dire la partie *amnb* extérieure au contour apparent du tétraèdre.

Ombre portée sur le plan vertical. — Elle est comprise dans la section faite dans la pyramide d'ombre par le plan vertical, au-dessus de *xy*. Si *k'* est la trace verticale du rayon PS, cette section sera le triangle *mnk'*. On teintera seulement la partie *nb'r'k'*, extérieure au contour apparent.

Exercices.

1. Construire un tétraèdre régulier, connaissant deux sommets d'une face située dans un plan donné.

2. Construire un tétraèdre régulier, connaissant deux de ses sommets, et sachant qu'un troisième sommet est situé dans un plan donné.

3. Représenter un cube dont deux diagonales sont de front.

4. Construire un tétraèdre SABC, connaissant la base ABC, les dièdres AB et AC, et l'arête SB.

5. Construire un tétraèdre SAB, connaissant : la base ABC, supposée horizontale ; le dièdre BC ; l'arête SA ; et la hauteur issue de C.

6. Construire un prisme triangulaire, connaissant la base ABC supposée horizontale ; la longueur de l'arête latérale, l'angle de cette arête avec le plan de base, et sachant que cette arête est orthogonale à BC.

Construire les points d'intersection de la surface du prisme avec une droite de profil, passant par le centre de gravité, et inclinée de 45° sur le plan horizontal.

7. Même question, en supposant la base ABC située dans un plan quelconque.

8. On donne la projection horizontale d'un parallélépipède rectangle et la projection verticale d'un sommet Construire la projection verticale du polyèdre.

9. 1° Construire une pyramide à base carrée, et dont les faces latérales soient des triangles équilatéraux.

2° Représenter le solide formé par l'assemblage de la pyramide précédente avec une autre pyramide symétrique de la première par rapport au plan de base (*octaèdre régulier*).

Sujets d'épure.

1. Dans la pyramide SABC, l'arête BC est horizontale, et sa longueur est de 10 centimètres. Le plan ABC est incliné de 30° sur le plan horizontal; AB = AC = 11 centimètres. Enfin SA = 10 centimètres; SB = SC = 12 centimètres.

1° Représenter la pyramide.

2° Construire la projection horizontale de la section faite dans la pyramide par un plan perpendiculaire à AC, et passant par le centre de gravité.

———————

2. ABC est la base d'un prisme. Le triangle ABC est rectangle en A. Le côté AC, horizontal, de cote 10 centimètres, a pour longueur 10 centimètres, et est incliné de 30° sur le plan vertical de projection. Le côté BC est de front; et le côté AB a pour longueur 7 centimètres.

L'arête latérale BE a pour longueur 18 centimètres; l'extrémité E est sur le plan horizontal de projection, et le sommet E est à une distance de 8 centimètres du plan de front BC.

1° Représenter le prisme;

2° Construire une section droite de ce prisme.

———————

3. On donne, dans le plan horizontal de projection, les points B et C, dont les éloignements sont égaux à 5cm,5 et à 1cm,2 ; la distance BC est égale à 4 centimètres. AB est la base d'un triangle ABC, horizontal, isocèle, et dont la hauteur est égale à 4 centimètres (On placera les points C et A à droite de B).

Un prisme a pour base inférieure ABC. L'arête latérale est orthogonale à BC; sa longueur est égale à 8cm,6 ; la hauteur du prisme est de 7 centimètres (Les cotes croissent de gauche à droite).

On considère des rayons lumineux parallèles à une direction Δ, allant du 1er dièdre vers le 3e, et dont les projections sont inclinées de 45° sur xy (les cotes décroissent de gauche à droite).

Représenter le prisme, avec l'ombre propre et les ombres portées sur les deux plans de projection.

---

4. Le triangle ABC est sur le plan horizontal de projection. On donne $AB = 3^{cm},7$, $BC = 2^{cm},9$, $CA = 2^{cm},3$. L'éloignement du point B est égal à 1 centimètre, celui du point C à $3^{cm},7$; les points C et A sont à gauche du point B.

Le triangle ABC est la base inférieure d'un prisme. L'arête latérale du prisme est de front; sa longueur est de $5^{cm},2$; ses cotes croissent de gauche à droite. La hauteur du prisme est de $3^{cm},6$.

Un point lumineux S est dans le plan de profil du sommet A; sa cote est de 7 centimètres, et son éloignement de $5^{cm},3$·

Représenter le prisme, avec son ombre propre, et les ombres portées sur les deux plans de projection.

---

5. *École navale* (1901). On donne un plan P, debout, faisant un angle de 45° avec le plan horizontal de projection. Sa trace verticale coupe xy en un point α à 3 centimètres à droite du centre de la feuille; la projection de cette trace qui est au-dessus du plan horizontal de projection, va de droite à gauche à partir de α.

Dans ce plan se trouve l'une des faces ABCD d'un cube ABCD EFGH. Le sommet A est celui des sommets de la face ABCD qui a la plus grande cote; sa cote est 6 centimètres, son éloignement est 6 centimètres. Le sommet B est celui des sommets B et D qui a le plus grand éloignement; la longueur de AB est de 6 centimètres, et la droite AB fait avec le plan horizontal un angle de 30°. Le cube est situé au-dessus du plan P.

On prend un point M sur la droite qui joint les centres des faces ABCD et EFGH, entre ces deux faces, à 4 centimètres du plan P. Construire la section du cube par le plan qui passe par M et qui est parallèle à xy et à AB.

Représenter la partie solide du cube comprise entre le plan sécant et le plan P.

(xy passe par le centre de la feuille, et est parallèle à ses petits côtés.)

---

6. *École navale* (1902). xy est parallèle aux petits côtés de la feuille et à 17 centimètres du bord intérieur.

On donne dans le plan de profil du centre de la feuille un point S de cote o et, d'éloignement + 7 centimètres et aussi un point H de cote + 8 centimètres et d'éloignement + 11 centimètres.

1° Mener par S perpendiculairement à SH une droite dont la projection horizontale fait l'angle de 45° avec xy et rencontre xy à gauche de s' ; puis placer sur la droite obtenue le point A d'éloignement + 2 centimètres.

2° SA est une arête d'un tétraèdre SABC dont l'arête BC passe par H, est perpendiculaire à SH et à SA. L'arête AB est de profil et l'arête SC est de front.

Couper ce tétraèdre par le plan mené par le milieu de SH, parallèlement à xy, également incliné sur les deux plans de projection et coupant le plan vertical de projection au-dessus de xy.

Représenter celle des deux parties solides du tétraèdre déterminées par le plan sécant à laquelle appartient le sommet A,

---

7. *École navale* (1903). Tracer xy à 15 centimètres du bord inférieur de la feuille parallèlement à ses petits côtés. Le sommet S d'une pyramide régulière à base carrée ABCD a pour cote 2 centimètres, pour éloignement 6 centimètres, et sa ligne de rappel est à 4 centimètres 1/2 à gauche du centre de la feuille. Le point C a pour éloignement 8 centimètres, pour cote 8 centimètres et sa ligne de rappel est à 4 centimètres 1/2 à droite du centre de la feuille. L'arête SA est verticale et dirigée vers le haut, et l'éloignement de B est supérieur à celui de D,

Construire la section de la pyramide par le plan mené par D perpendiculairement à SB, et représenter la partie solide de la pyramide comprise entre la base ABCD et le plan sécant.

---

8. *École navale* (1904). *Cube évidé par un angle dièdre.*

La ligne de terre est à 16 centimètres du bord inférieur de la feuille.

Cube. — On donne deux points A et B situés dans le premier dièdre et placés sur une ligne de profil dont les projections sont sur l'axe de la feuille. A a pour éloignement 2 centimètres et pour cote 7 centimètres. B a pour éloignement 11 centimètres et pour cote 7 centimètres. Ces points sont les extrémités d'une diagonale d'une section centrale faite dans le cube parallèlement au plan des deux faces F. Ces faces F sont d'abord supposées horizontales.

Pour placer le cube dans sa position définitive on suppose qu'il tourne autour de AB, en sens inverse des aiguilles d'une montre, d'un angle de 60°.

Angle dièdre. — Considérons la face du cube qui, avant la rotation, se trouvait en avant et à droite : l'arête du dièdre est l'intersection de cette face, dans sa situation définitive, avec le plan vertical qui passe par A et B. Les faces du dièdre passent par les centres des faces F du cube dans leurs positions définitives.

On représentera ce qui reste du cube, supposé plein et opaque, après enlèvement de la partie située dans l'angle dièdre.

---

9. *Inst. agr.* (1893). Une pyramide pentagonale régulière SAB CDE repose par sa base ABCDE sur le plan horizontal. Le diamètre du cercle circonscrit à la base a pour longueur 0m,06. L'arête latérale a pour longueur la diagonale AD.

1° Déterminer cette pyramide et trouver la perpendiculaire commune PQ au côté AB et à l'arête SD.

2° Trouver, sur la surface de la pyramide, le lieu des points également distants des points P et Q de la perpendiculaire commune.

Nota. — Au tracé à l'encre, on représentera la projection horizontale de la surface opaque de la pyramide, avec le tracé du lieu géométrique, puis la ligne PQ prolongée d'une longueur égale à PQ de part et d'autre des points P et Q.

---

10. *Inst. agr.* (1897). On place dans le plan horizontal un carré *abcd* vers la gauche de la feuille et au-dessous de *xy*; *ab* = 5 centimètres; le centre *o* du carré est à une distance *oe* de *xy* égale à 10 centimètres; *oa* fait 60° avec *xy* à gauche de *oe*. Déterminer sur la verticale de *o* deux points S et S₁, tels que les triangles ayant ces points pour sommets et les côtés du carré pour bases soient équilatéraux; déterminer les intersections mutuelles des plans Sad, Sbc, S₁cd, S₁ab et représenter le solide formé par ces 4 plans.

Faire la même chose pour les plans Sab, Scd, S₁ad, S₁bc, après avoir fait préalablement subir au solide SabcdS₁ une translation parallèle à *xy* de gauche à droite et de 12 centimètres.

---

11. *Inst. agr.* (1898). On donne un plan P passant par *xy* (*xy* est le

petit axe de la feuille) et faisant avec la partie antérieure du plan horizontal et au-dessus de ce plan un angle de 30°.

Dans ce plan est situé un pentagone régulier ABCDE dont le rayon
du cercle circonscrit est 4 centimètres ; A est à une distance de xy égale
à 16 centimètres, c'est le point le plus en avant du pentagone et il se
projette sur le grand axe de la feuille.

Ce pentagone est la base d'une pyramide située au-dessus du plan P,
dont la hauteur est 12 centimètres et dont le sommet se projette horizontalement en un point s situé à 8 centimètres à droite du grand axe
et à 3 centimètres en avant du petit axe.

Représenter par deux projections (parties vues et cachées) le volume
de la pyramide comprise entre le plan P et le plan bissecteur du dièdre
aigu que fait le plan P avec le plan vertical.

---

12. *Inst. agr.* (1899). La ligne de terre est le petit axe de la feuille.
Un cube dont l'arête est de 8 centimètres a l'un de ses sommets A, dans
le plan horizontal, sur le grand axe de la feuille et à 10 centimètres en
avant du plan vertical. La diagonale de ce cube issue de A est verticale
et dirigée vers le haut, l'une des arêtes issues de A est située dans un
plan de profil et située en arrière. Représenter ce cube par ses deux projections ainsi que sa section par le plan qui passe par son centre et la
ligne de terre. Donner aussi le rabattement de cette section sur le plan
horizontal. On fera la distinction des parties vues et des parties cachées.

---

13. *Inst. agr.* (1901). La ligne de terre xy est le petit axe de la feuille ;
zoz' en est le grand axe (z au-dessus de xy) et o le centre.

On porte $oA = oB = 10$ centimètres sur xy et $oC = 10$ centimètres
sur oz. AC est la trace horizontale d'un plan P dont la partie supérieure
fait 60° avec le demi-plan horizontal qui contient le point o ; c'est aussi
la trace horizontale de deux plans P' et P'' dont les parties supérieures
font avec le même demi-plan horizontal des angles respectivement égaux
à 45° et 75°.

Le point du plan P qui se projette horizontalement au milieu de BC
est le centre d'un carré situé dans le plan P, ayant une diagonale horizontale égale à 10 centimètres. Ce carré est la base commune de deux
pyramides régulières ayant chacune 5 centimètres de hauteur.

Représenter la partie solide de l'octaèdre ainsi formé qui est comprise entre les plans P et P'.

---

14. *Inst. agr.* (1902). La ligne de terre *xy* est le petit axe de la feuille. Un point o situé dans le plan horizontal, sur le grand axe de la feuille à 8 centimètres en avant du plan vertical, est le centre d'un carré de 10 centimètres de côté, dont les sommets consécutifs sont A, B, C, D ; AB est parallèle à *xy*, est dirigé de la gauche vers la droite et est le côté le plus en avant du carré. Ce carré est la base d'un cube situé au-dessus du plan horizontal, et dont les arêtes sont AA′, BB′, CC′, DD′. On fait tourner le cube autour de la diagonale A′C′ de la base supérieure d'un angle de 45°, le sens de cette rotation est de la droite vers la gauche pour un observateur couché le long de A′C′, les pieds en C′, la tête en A′.

Représenter le cube dans sa nouvelle position ; faire la distinction des parties vues et cachées, en supposant les plans de projection transparents.

---

15. *Inst. agr.* (1904). La ligne de terre *xy* est le petit axe de la feuille. Un tétraèdre régulier SABC a sa base ABC située dans le plan bissecteur du premier dièdre, et est placé au-dessus de ce plan. Le triangle ABC a 8 centimètres de côté, le côté BC est parallèle à *xy* ; le sommet A est en avant, et se projette sur le grand axe de la feuille ; la vraie distance de A à *xy* est de 12 centimètres. Sur les faces SAB et SAC comme bases et en dehors du tétraèdre, on construit deux prismes droits dont la hauteur est égale à celle du tétraèdre.

On demande de représenter par ses deux projections le solide formé par la réunion du tétraèdre et des deux prismes, ainsi que la section faite dans ce solide par le plan horizontal qui en contient le sommet le plus à droite.

---

16. *St-Cyr* (1864). Construire les projections d'une pyramide hexagonale régulière dont une face latérale SAB est située dans le plan horizontal. Déterminer la hauteur de la pyramide, et la section faite dans le solide par un plan passant par l'arête AB et le milieu de l'arête SD.

La droite AB a pour longueur 6 centimètres et fait, avec la ligne de terre, un angle de 45°. L'arête SA = 12 centimètres.

---

17. *St-Cyr* (1866). Un prisme droit a pour base un hexagone régulier ABCDEF, dont le côté vaut 34 millimètres. Sur les arêtes latérales qui partent des sommets A, B, C, de la base, on prend des longueurs : AG = 68 millimètres ; BH = 53 millimètres ; CI = 25 millimètres. Par les points G, H, I, on fait passer un plan P ; et l'on considère le tronc de prisme compris entre ce plan et la base.

On demande :

1° Les projections de ce tronc, en posant la base sur le plan horizontal, de manière que le côté AB soit perpendiculaire à la ligne de terre ;

2° La partie du plan horizontal cachée par le tronc de prisme, l'œil étant placé au-dessus du plan P, à la distance de 122 millimètres, sur la perpendiculaire à ce plan menée par le point où l'axe du prisme le rencontre.

———

18. *St-Cyr* (1867). Le triangle ABC, situé dans le plan horizontal, est donné par ses trois côtés :

$$AB = 78^{mm} ; \quad BC = 95^{mm} ; \quad AC = 65^{mm}.$$

Le côté AB est parallèle à la ligne de terre.

Ce triangle est la base d'une pyramide SABC. On donne les trois dièdres ayant pour arêtes AB, BC, AC, valant respectivement 32°, 37°, 40°.

On demande :

1° De construire les projections de la pyramide ;

2° De construire l'angle dièdre SC.

———

19. *Inst. agr.* (1915). La ligne de terre *xy* est le petit axe de la feuille. Un cube a une diagonale AB verticale, égale à 12 centimètres ; le point B est dans le plan horizontal sur le grand axe de la feuille, à 6 centimètres en avant de *xy*. Une seconde diagonale est de front, dont l'extrémité la plus haute est aussi le plus à droite. Soit P le plan passant par le centre du cube, perpendiculaire à celle des deux autres diagonales dont la trace verticale est la plus basse.

Représenter la trace horizontale du plan P, les deux projections du cube et celles de sa section par le plan P. On fera la distinction des parties vues ou cachées en supposant le cube opaque.

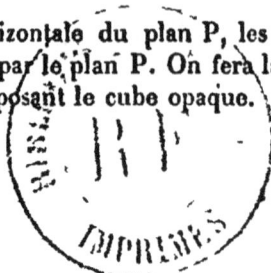

TABLE DES MATIÈRES

LIVRE II

GÉOMÉTRIE DESCRIPTIVE

CHARTRES. — IMPRIMERIE DURAND, RUE FULBERT.

www.ingramcontent.com/pod-product-compliance
Lightning Source LLC
Chambersburg PA
CBHW060536210326
41519CB00014B/3241